地大人

赵鹏大

2019年(总第14辑)

校友工作与教育基金管理处 编

中国地质大学出版社
ZHONGGUO DIZHI DAXUE CHUBANSHE

图书在版编目(CIP)数据

地大人.2019年:总第14辑/校友工作与教育基金管理处编. —武汉:中国地质大学出版社,2020.6

ISBN 978-7-5625-4777-8

Ⅰ.①地…

Ⅱ.①校…

Ⅲ.①中国地质大学-校友-丛刊

Ⅳ.①P5-40

中国版本图书馆CIP数据核字(2020)第085103号

地大人　2019年(总第14辑)　　校友工作与教育基金管理处　**编**

责任编辑:彭　琳　　责任校对:徐蕾蕾

出版发行:中国地质大学出版社(武汉市洪山区鲁磨路388号)　　邮政编码:430074

电　　话:(027)67883511　　传　　真:(027)67883580　　E-mail:cbb@cug.edu.cn

经　　销:全国新华书店　　http://cugp.cug.edu.cn

开本:787毫米×960毫米　1/16　　字数:333千字　　印张:17

版次:2020年6月第1版　　印次:2020年6月第1次印刷

印刷:武汉市籍缘印刷厂　　印数:1—3100册

ISBN 978-7-5625-4777-8　　定价:48.00元

如有印装质量问题请与印刷厂联系调换

《地大人》编委会

特别鸣谢：中国地质大学（武汉）党委宣传部

《地大人》投稿邮箱：cugxyxx@cug.edu.cn

中国地质大学校歌

电影《年轻一代》主题曲《勘探队员之歌》

佟志贤 词
晓 珂 曲

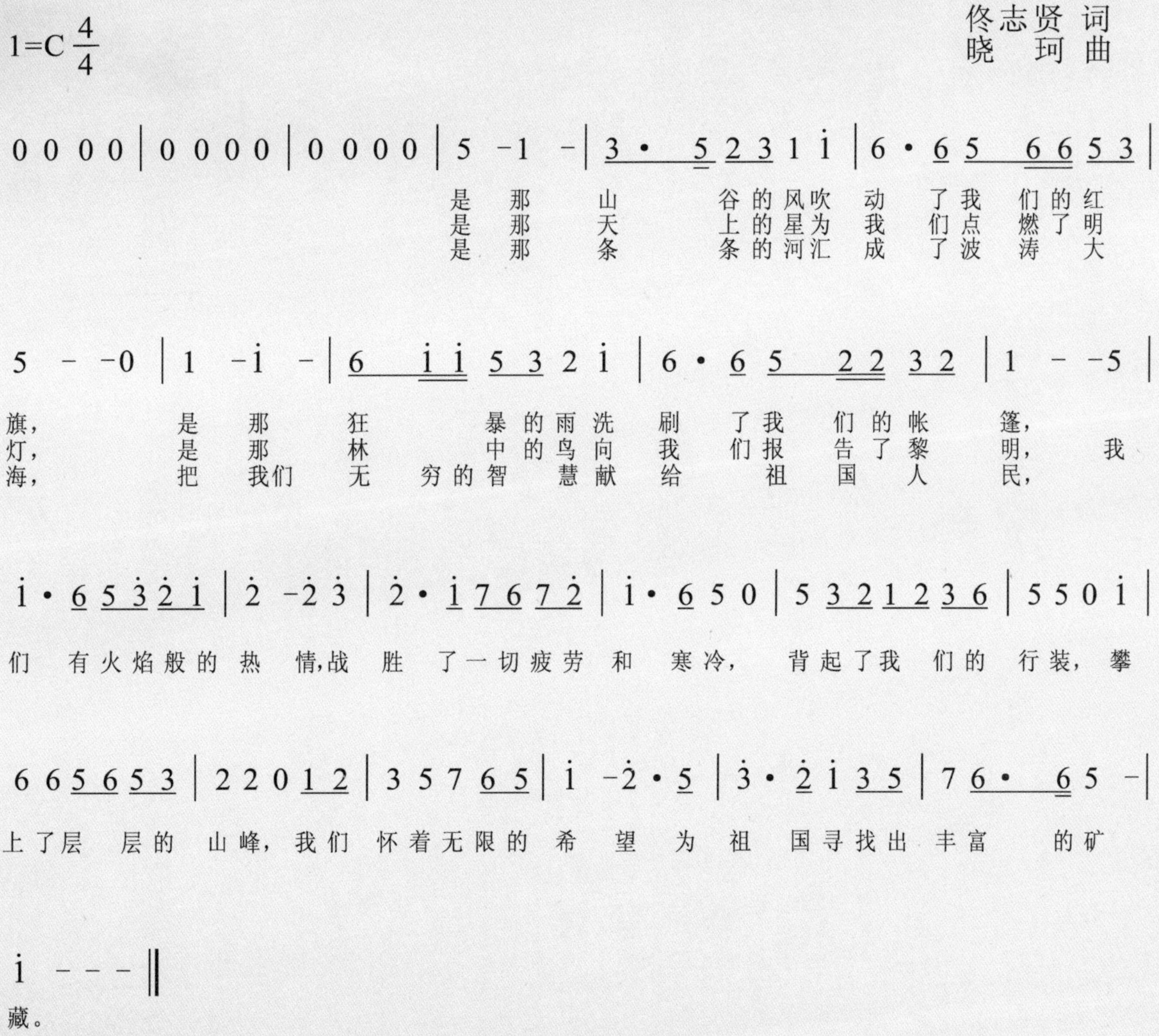

前　言

中国地质大学创建于1952年，前身是北京大学、清华大学、天津大学、唐山铁道学院等系（科）合并组建而成的北京地质学院，1960年被国家确定为全国重点院校。1970年迁出北京，1975年定址武汉，1987年经国家教育委员会批准更名为中国地质大学。中国地质大学的建设经历了北京地质学院、湖北地质学院、武汉地质学院和中国地质大学4个历史时期。在全体地大人的团结奋进下，经过半个多世纪的励精图治，学校完成了由单科性地质院校向以地球科学为特色，理、工、文、管、经、法、教、哲协调发展的多科性大学的转变，成为教育部直属的全国重点大学、国家“211工程”和“国家优势学科创新平台建设”大学。

从北京地质学院到湖北地质学院、武汉地质学院、中国地质大学，薪火相传，学脉连绵，60多年来累计培养各类人才30余万，学校已成为国家高级专门人才的重要培养基地。进入21世纪以来，学校始终秉承“艰苦朴素、求真务实”的校训精神，现已发展成为以地球科学为主要特色，理、工、文、管、法、经、教、哲等多学科协调发展，国家“211工程”“国家优势学科创新平台建设”项目资助的全国重点大学。目前，学校正朝着校友——国务院前总理温家宝提出的建设“地球科学领域世界一流大学”的长远办学目标阔步前进。

校友是学校宝贵的资源和财富。2000年，中国地质大学（武汉）校友会成立，校友与母校从此有了一个合法的联谊窗口，有了一个沟通信息、联络感情、加强合作的桥梁。十几年来，中国地质大学（武汉）校友会本着“发扬地大传统、弘扬地大精神，增进母校与校友、校友与校友间的联络和感情，合作共赢”的宗旨，肩负起校友总会的工作职责，成为母校联系广大校友的桥梁和纽带，通过联络校友、服务校友、宣传校友、凝聚力量，在为母校提高办学质量、增强办学实力，为校友们扩大社会交往、拓展社会资源、开展交流合作、提升科技实力等方面都发挥了重要作用，得到了校友们和学校的一致好评。从2006年开始，中国地质大学（武汉）校友工作办公室（现更名为中国地质大学（武汉）校友工作与教育基金管理处）创编了《地大人》，向海内外校友反映母校年度建设发展情况，介绍校友工作动态，报道各地校友会活动，展示校友风采，登载校友文章等。温家宝校友亲笔为母校题写了校名，给予母校诸多的鼓励和希冀。

十几年来，《地大人》都是在校友和各地校友分会的大力支持下顺利出版的，并全部通过各地校友分会和邮寄等方式免费赠送给各地校友，受到校友们的好评，不断有索要函发至校友工作与教育基金管理处，我们将尽全力满足校友们的需求。因为出版资金有限，每年《地大人》的印数也受到限制，不能完全满足校友们阅读之需求。为满足更多校友阅览《地大人》的愿望，我们已将《地大人》电子版上传至中国地质大学校友会网站（http://alum.cug.edu.cn/）。

"好雨知时节，当春乃发生。"《地大人》是中国地质大学校友们自己的出版物，希望校友们关注她、支持她，积极投稿，并为她的成长献计献策、贡献力量，使《地大人》的图书质量和编辑水平能够不断提高，更好地为校友们服务。

由于本书编辑时间仓促，加之编委会人员调整，缺乏编辑经验，书中难免有不足之处，诚望各位校友批评指正并提出更好的建议！

《地大人》编委会

2019年12月

目录
CONTENTS

第一章
仰取俯拾结硕果

地大人

教学科研成果

社会合作

第二章

地负海涵容万象

第三章
巍巍学府人才出

第四章
神来之笔颂地大

第五章
大爱无疆惠人才

第六章
百舸争流千帆竞

第一章
仰取俯拾结硕果

2019年度学校十大新闻

1. “不忘初心、牢记使命”主题教育扎实开展

2019年7—12月，学校党委深入开展“不忘初心、牢记使命”主题教育。教育部党组高度重视学校党政班子建设，7月，黄晓玫同志担任校党委书记。主题教育中，学校聚焦学习贯彻落实习近平新时代中国特色社会主义思想，紧扣立德树人根本任务，坚持学习教育、调查研究、检视问题、整改落实一体推进，立查立改贯穿始终。将主题教育与加强党的全面领导、“双一流”和一流本科建设融合起来，为实现地球科学领域国际知名研究型大学建设的阶段性办学目标奠定了坚实基础。

2. 爱国主义引领思政工作全面发力

学校制定“立德树人60条”，开展学习之路系列教育实践活动，全方位开展爱国主义教育，广大师生唱响《我和我的祖国》；推动建立湖北高校“三全育人”联盟；着力推出“地球科学概论”“生态学概论”“国土安全”等“美丽中国”示范课程；编排《我的战争》《大地之子》等舞台剧；焦养泉教授获评“全国模范教师”；韩磊获评“中国大学生自强之星标兵”；持续推进创新创业教育，学校获评“全国创新创业典型经验高校”；师生在中央电视台唱响校歌《勘探队员之歌》。

3. 一流本科行动深化本科教育改革

学校发布《一流本科行动计划（2019—2025）》，确定了今后学校一流本科教育的行动纲领，为推进本科教育工作提供了遵循；发布并使用2019版《本科人才培养方案》；推进大类招生、大类培养，全面启动实施主辅修制度；16个专业入选国家级一流本科专业建设点，2个专业入选省级一流本科专业建设点。

4. 研究型大学建设中长期战略规划描绘学校发展蓝图

学校审议通过《地球科学领域国际知名研究型大学建设中长期战略规划》（简

称《规划》)。《规划》以“美丽中国　宜居地球:迈向2030”为战略主题,描绘学校“三步走”发展战略中“第二步”的发展蓝图,即在实现“地球科学一流、多学科协调发展”的阶段性办学目标的基础上,到2030年把学校建成地球科学领域国际知名研究型大学。

5. 未来城校区启用拓展办学空间

按照生态校园、智慧校园的建设要求,学校历经4年多建设,8月下旬建成并启用未来城校区。未来城校区建筑面积50多万平方米,共有8栋科教楼、19栋学生宿舍楼、3个食堂以及运动场等设施,办学规模为师生总人数达1万余人。未来城校区极大地改善了办学空间,是学校献礼伟大祖国的“奋进之笔”。

6. 4位地大人当选中科院院士

2019年11月22日,中国科学院(简称“中科院”)公布2019年院士增选结果,校长王焰新教授、地质过程与矿产资源国家重点实验室主任成秋明教授、长安大学教授彭建兵校友、中科院新疆生态与地理研究所研究员肖文交校友当选院士。

7. 科学研究与学科建设有新气象

2019年学校国家基金资助项目数和到账科研经费再度攀升,国家自然科学基金项目达208项,资助直接经费过亿元,其中国家杰出青年科学基金项目1项、国家优秀青年科学基金项目3项、重点类项目9项、国家重点研发计划项目和国家社科基金重大项目各1项;学校新增地球探测智能化技术教育部工程研究中心;三峡库区地质灾害野外科学观测研究站获批为教育部野外科学观测研究站;学校被教育部认定为首批高等学校科技成果转化和技术转移基地;控制科学与工程、公共管理两个一级学科获批设立博士后科研流动站。

8. 9人获得国家人才计划资助和国内外奖励荣誉

王力哲教授、李超教授、胡兆初教授入选第四批国家“万人计划”科技创新领军人才,罗根明副教授入选青年拔尖人才;殷鸿福院士被中国古生物学会授予终身成就荣誉;王焰新教授荣获国际水文地质学家协会颁发的应用水文地质奖、美国地下水协会授予的John Hem科学与工程杰出贡献奖；郑建平教授荣获“李四光地质科学奖科研奖”；王伟教授获得第十七届青年地质科技奖金锤奖。

9. 地大学子在创新大赛和运动竞赛中捷报频传

学子们积极参加全国挑战杯大赛等各类赛事，获得特等奖、一等奖、二等奖等奖项百余项；800多名大学生志愿者服务第七届世界军人运动会，在国际、国内各大赛场上，学子们捷报频传，共获奖93项，其中国际赛事金牌8项、国内赛事金牌8项。

10. 国际交流与合作蓬勃开展

“中国—东盟地学合作中心东盟学院（武汉）”整体建设工作全面启动，“中国—上海合作组织地学合作研究中心武汉学院”揭牌，学校获批教育部中国政府奖学金预科教育试点院校，学校与美国加州大学河滨分校等26所海外大学签署合作谅解备忘录。

教学管理

学校参加2019年全国教育工作会议

2019年1月18日，2019年全国教育工作会议在京召开。教育部党组书记、部长陈宝生作工作报告。学校在教学综合楼A703会议室设立分会场。在校校领导、党委委员、相关部门负责人参加会议。

陈宝生指出，刚刚过去的2018年，党中央召开改革开放以来第五次、新时代第一次全国教育大会，为加快推进教育现代化、建设教育强国、办好人民满意的教育，指明了前进方向，提供了根本遵循。在党中央、国务院的坚强领导下，教育系统迎难而上，扎实工作，加强党对教育工作的全面领导，成功实施“奋进之笔”，致力于变革育人方式，增强人民群众教育获得感、回归教育规律、完善教育管理体制

▲ 学校参加2019年全国教育工作会议

机制、扩大教育开放、加强教师队伍建设，教育改革发展各项工作取得了新的突破性进展。

陈宝生指出，2019年是中华人民共和国成立70周年，是全面建成小康社会、实现第一个百年奋斗目标的关键之年，是深入贯彻落实全国教育大会精神开局之年，教育系统要深入实施“奋进之笔”“深入抓、抓深入”，攻坚克难、狠抓落实，为教育新发展新跨越开好局、起好步、奠好基。一是把“两个大计”转化为教育优先的实际行动，在强化组织领导上多想办法，在超前规划上多出主意，在资源保障上多下功夫，使教育优先发展真正成为推动党和国家各项事业发展的重要先手棋。二是从薄弱处着手落实立德树人根本任务。德育要朝着体系化努力，教育教学改革要深下去，体育美育要有刚性要求，劳动教育要有效开展起来，家庭教育要高度重视起来，以新的方式推进立德树人工作。三是在全社会重振师道尊严。抓好师德师风建设，加大对乡村教师队伍建设的倾斜和支持力度，持续提升教师能力素质，下大力气为教师减负。四是打赢教育脱贫攻坚战要取得决定性进展。牢牢兜住底线，抓紧补齐短板，加快缩小差距，实现“发展教育脱贫一批”任务进入关键阶段的决定性进展。五是克服“顽瘴痼疾”，破除体制机制障碍。把教育评价改革作为“最硬的一仗”来推进，继续大力度深化教育管理方式改革，瞄准服务高质量发展深化改革，破解继续教育发展难题，促进深化改革，在一些标志性、引领性、支柱性改革上取得突破。六是加强党对教育工作的全面领导。用党的创新理论武装头脑，把党的政治建设放在首位，加强思想政治工作，加强党的基层组织建设，确保教育系统和谐安全稳定。

陈宝生强调，完成好今年改革发展，稳定各项繁重任务，必须提升狠抓落实的精神状态、方式方法和效果要求。一是用高政治站位抓落实。要深刻认识到，抓落实就是抓政治建设。要在高政治站位中强化责任落实、提升抓落实的本领、增强抓落实的自律。二是用务实的作风抓落实。围绕清单干、聚焦重点干、瞄着问题干、创造性地干，坚决杜绝形式主义、机械呆板、不讲效果、不计成本、选择性地落实。三是用奋进的状态抓落实。要拉升奋进目标，形成奋进合力，深化奋进效果，把“奋进之笔”转化成奋进之效。四是用学习的自觉抓落实。要以马克思主义特别是习近平新时代中国特色社会主义思想为指引，注重学用结合，主动掌握新知识、把握新趋势，养成学在平时、持久推进的学习习惯。五是用研判的习惯抓落实。围绕全局、变局、布局、格局等做好研判，综合各方信息，深化认识过程，进行科学决策，找到抓手和突破口，变苦干为实干、能干。六是用法治精神抓落实。要加快教育领域立法、修法进程，坚持有法必依、于法有据、依法行政，用法治的理念、方法推动各项工作落实。

校长王焰新指出，陈宝生部长的报告全面总结了2018年教育工作，部署了2019年教育工作。我们要以习近平新时代中国特色社会主义思想为指导，深入学习贯彻习近平总书记关于教育的重要论述和全国教育大会精神，增强“四个意识”，坚定“四个自信”，坚决做到“两个维护”。及时传达、认真落实本次会议精神，深入思考、系统谋划学校2019年重点工作。2019年是学校迁汉办学45周年，全校师生员工要不忘初心、坚定信念，攻坚克难、狠抓落实。他要求，假期要不松劲、不停步，抓紧做好研究型大学规划编制、2019年工作要点制定、新校区基本建设、岗位设置管理办法修订、重大科研项目谋划、“国际青年学者地大论坛”及本科人才培养方案修订等工作，确保2019年学校各项工作谋好篇、开好局、起好步。

（**地大之声 记者** 徐燕 **摄影** 张玉贤）

学校召开全面从严治党工作会议

2019年2月27日，学校全面从严治党工作会议在八角楼召开。全体校领导、党委常委、校长助理、各二级单位党政主要负责人参加会议。校长王焰新主持会议。

▲ 学校全面从严治党工作会议

校党委副书记、纪委书记成金华传达了第十九届中纪委三次全会、湖北省纪委第十一届三次全会精神。他要求，全校各级党组织和党员干部认真学习领会习近平总书记在第十九届中纪委三次全会上的重要讲话精神，深入贯彻落实第十九届中纪委三次全会、湖北省纪委第十一届三次全会精神，提高政治站位，旗帜鲜明坚持和加强党的全面领导，进一步把思想和行动统一到党中央、省委决策部署上来，扎实推进全面从严治党，巩固发展反腐败斗争压倒性胜利。

党委书记何光彩以“开展警示教育　严明政治纪律和政治规矩”为主题，就学校全面从严治党工作提出3点意见：一是认真学习习近平总书记、中央纪委领导同志和上级主管领导同志关于开展警示教育、严明党的政治纪律和政治规矩的重要论述和讲话精神。党的十八大以来，习近平总书记站在党和国家全局的高度，围绕严明党的纪律和党的规矩发表了一系列重要论述。教育部和湖北省领导同志的讲话对严明党的政治纪律和政治规矩提出了明确的具体要求，我们要加强学习，充分认识警示教育活动的重要性和紧迫性，在实践工作中不断养成思想自觉、政治自觉和行动自觉，不断增强做好警示教育的原则性、主动性和创造性，突出政治纪律是最重要、最根本、最关键的纪律，切实开展学校全面从严治党工作。二是仔细研读《中国共产党纪律处分条例》和警示案例，汲取教训，引以为戒。他结合案例，从政治纪律、组织纪律、廉洁纪律、工作纪律、群众纪律、生活纪律等方面，带领与会人员仔细研读了《中国共产党纪律处分条例》中与高校工作相关的主要内容，以案说纪，以案为鉴。三是压实责任，扎实工作，深入推进学校全面从严治党。必须加强党的政治建设、严明党的政治纪律、政治规矩；必须着力克服形式主义、官僚主义，狠抓工作落实；必须敢于担当负责，着力破解存在的突出问题；必须履行管党治党政治责任，推动全面从严治党向纵深发展。他强调，全校各级党组织和党员干部要提高政治站位，严明政治纪律和政治规矩，认真学习习近平新时代中国特色社会主义思想，切实入脑入耳入眼入心，真学真懂真信真用；切实用"四个意识"导航、用"四个自信"强基、用"两个维护"铸魂；切实知责明责履责尽责，筑牢拒腐防变的政治根基，为学校书写教育的"奋进之笔"提供坚强的政治保证。

王焰新强调，全面从严治党工作一要带头贯彻执行《中国共产党章程》和《中国共产党廉洁自律准则》《中国共产党纪律处分条例》，做到"四个服从"，不断提高把方向、谋大局、作决策、促改革的能力。二要把严守廉洁纪律作为从政底线，严格执行"三重一大"①决策程序，严格控制"三公经费"②支出，坚决杜绝以权谋私、贪污贿赂等行为。三要把"艰苦朴素、求真务实"校训精神和"严在地大"的校风学风全面融入学习、工作、生活，成为全体教职员工的表率。

（**地大之声 记者** 徐燕 **摄影** 张玉贤）

学校召开第九届教代会第一次会议暨十八届工代会第一次会议

2019年3月28日，学校第九届教职工代表大会第一次会议暨第十八届工会会员代表大会第一次会议（简称"第九届教代会第一次会议暨十八届工代会第一次会议"）在弘毅堂召开。本次大会的主题是：以习近平新时代中国特色社会主义思想为指导，全面贯彻党的十九大精神，落实立德树人根本任务，凝聚改革共识，统一思想认识，团结和动员全校教职工不忘初心、牢记使命，全面提升创新能力，服务高质量发展，扎实推进地球科学领域国际知名研究型大学建设。中科院院士殷

①"三重一大"指重大事项决策、重要干部任免、重要项目安排、大额资金使用。

②"三公经费"指财政拨款支出安排的出国（境）费、车辆购置及运行费、公务接待费。

▲ 学校第九届教职工代表大会第一次会议暨第十八届工会会员代表大会

鸿福教授、湖北省教科文卫体工会副主席赵黎、300余名正式代表和特邀代表、列席代表参加会议。

校党委副书记、大会执行主席唐辉明主持会议。

大会在雄壮的国歌声中开幕。

党委书记何光彩致辞时对5年来教代会、工代会取得的成绩表示肯定。他指出，学校高举习近平新时代中国特色社会主义思想伟大旗帜，深入贯彻落实全国高校思想政治工作会议精神、全国教育大会精神和习近平总书记在学校思政课教师座谈会上的重要讲话精神，牢牢把握教育改革的“九个坚持”，不断深化以“学术卓越计划”为核心的综合改革，扎实推进地球科学领域国际知名研究型大学建设。他强调，要立足当前学校事业发展的新形势、新任务、新要求，深刻理解和把握校长工作报告的中心思想，以此次会议为契机，全面贯彻党的教育方针，全面加强党的建设，落实立德树人根本任务，全面提升创新能力，服务高质量发展，在建设地球科学领域国际知名研究型大学的新征程中书写“奋进之笔”。

▲ 校党委副书记、大会执行主席唐辉明主持会议

▲ 校党委书记何光彩致辞

赵黎代表湖北省教科文卫体工会向学校教代会暨工代会的召开表示热烈祝贺。她对学校工会工作提出3点希望：一是旗帜鲜明讲政治，画好学校改革发展最大“同心圆”；二是履职尽责勇担当，搭好学校党政和教职工的“连心桥”；三是汇聚民智显作为，当好学校教代会工作的“操盘手”。

▲ 赵黎代表湖北省教科文卫体工会发言

校长王焰新作题为“全面提升创新能力　服务高质量发展　扎实推进地球科学领域国际知名研究型大学建设”的报告。他从全面加强党的领导，党的建设质量不断提高，全面落实立德树人、办学核心竞争力显著增强，全面深化内部治理、服务保障能力不断提升3个方面，回顾了学校2018年主要工作进展及成绩。他强调，学校全面推进“双一流”建设，必须着力提升创新能力，培养德智体美劳全面发展的社会主义建设者和接班人，为解决国家和人类社会面临的资源环境问题，为人与自然和谐共生贡献地大智慧、地大力量。

▲ 校长王焰新作教代会工作报告

围绕“全面提升创新能力　服务高质量发展”这一主题，王焰新强调，2019年学校要着力抓好4个方面的工作：一是要加强党对学校工作的全面领导。要坚持以党的政治建设为统领，全面落实从严治党责任，提升新时代基层党建工作质量，切实抓好意识形态和安全稳定工作。二是建设高水平人才培养体系。要推动思想政治工作创新发展，深化教育教学改革，推进思政课程和课程思政协同育人，着力建设高素质专业化创新型教师队伍，弘扬“严在地大”优良校风学风，着力提升国际化办学水平。三是推进学科、人才、科研协同发展。要切实优化学科生态，深入推进“人才强校”战略，着力推进“科技兴校”战略。四是提升治理能力和水平。要完善学校治理体系，加强干部队伍建设，推进评价机制改革，加强综合保障能力建设。

王焰新强调，全校干部师生要不忘初心、接续奋斗，以优异的成绩书写改革发展的“奋进之笔”，以优异的成绩迎接中华人民共和国成立70周年。要始终保持改革创新、攻坚克难的勇气、锐气和朝气，坚定不移推进地球科学领域国际知名研究型大学建设，开创更加广阔、更加美好、更加璀璨的未来。

校党委副书记、工会主席成金华作题为“继往开来　逐梦前行　为建设地球科学领域国际知名研究型大学建功立业”的工会工作报告，报告回顾了5年来的工会工作。他强调，要从6个方面做好未来5年的工会工作：一是加强政治引领，肩负时代使命，动员广大教职工努力建功新时代；二是紧扣发展目标，推进民主建设，大力实施教职工建功立业工程；三是坚持问需于民，维护职工权益，汇聚教职工建功新时代的磅礴力量；四是强化思想引领，倡导立德树人，营造“三全育人”良好氛围；五是培育校园文化，推进特色发展，不断丰富教职工精神文化生活；六是加强自身建设，推动工作创新，书写新时代学校工会工作新篇章。

▲ 校党委副书记、工会主席成金华作工会工作报告

校学术委员会主任童金南、财务处处长张玮、发展规划处处长侯志军、党委人才工作办公室常务副主任周刚、科学技术发展院常务副院长胡圣虹，分别作校学术委员会2018年度工作报告、财经工作报告、研究型大学建设规划报告、人才工作报告和科技创新发展报告。

3月29日—4月1日，代表们将围绕校长工作报告、工会工作报告及大会各专项报告等进行分组（审议）讨论，为学校建言献策。

（**地大之声　记者** 徐燕　**通讯员** 郭琬云　**摄影** 张玉贤　殷景川）

教育部党组任命黄晓玫同志为学校党委书记

2019年7月2日，学校在迎宾楼报告厅召开干部教师大会，宣布教育部党组关于中国地质大学（武汉）党委书记职务任免的决定：黄晓玫同志任中共中国地质大学（武汉）委员会委员、常委、书记，免去何光彩同志的中共中国地质大学（武汉）委

▲ 教育部党组关于中国地质大学（武汉）党委书记职务任免决定大会

员会书记、常委、委员职务。

教育部人事司司长张东刚，湖北省委组织部部务委员周志红，湖北省委教育工委专职副书记、省教育厅党组成员孔祥恩出席会议。校长王焰新主持会议。

张东刚司长在讲话中指出，教育部党组高度重视学校党委书记的调整，统筹考虑直属高校干部队伍建设情况和学校事业发展需要，经过审慎研究，并与湖北省委商得一致，做出了上述决定。张东刚指出，中国地质大学是一所办学历史悠久、学科特色鲜明的“双一流”建设高校，是我国地质人才培养和地球科学研究的重要基地。建校60多年来，学校秉承“艰苦朴素、求真务实”的校训精神，为国家培养了一大批经济建设急需的高素质地质专门人才，取得了一批高水平科研成果，为国家、地方经济和社会发展做出了重要贡献。特别是近年来，学校党委坚持社

▲ 校长王焰新（左一）主持会议

▲ 教育部人事司司长张东刚讲话

会主义办学方向，落实立德树人根本任务，扎实推进"三步走"发展战略，党的建设和思想政治工作不断加强，综合改革成效持续深化，地球科学领域特色优势更加巩固，人才培养质量稳步提高，科技创新和社会服务能力显著提升，为建设地球科学领域国际知名研究型大学奠定了坚实基础。

张东刚司长对何光彩同志担任中国地质大学（武汉）党委书记期间取得的工作成绩给予了高度评价和充分肯定。他指出，何光彩同志政治立场坚定，大局意识强，政策理论水平高，始终把政治建设放在首位，主动扛起党建第一责任，和王焰新校长一道，认真落实党委领导下的校长负责制，党政密切配合，凝聚班子合力，团结带领广大师生员工，不断深化综合改革，加快关键领域突破提升；积极围绕学校中心工作抓党建，注重增强基层党组织和党员的凝聚力和战斗力，成功筹备并召开了学校第十二次党代会；努力构建"大德育"体系，积极营造"三全育人"的氛围；为人正派，作风务实，善于听取各方面意见，赢得了全校师生的尊重和认可。他对何光彩同志为中国地质大学（武汉）做出的重要贡献表示衷心感谢。

张东刚司长介绍了黄晓玫同志的基本情况。他指出，黄晓玫同志思想政治素质过硬，大局意识强，视野开阔，思路清晰，熟悉高等教育规律，领导经验丰富，管理能力强，推进工作有章法，敢于动真碰硬；担任华中师范大学党委书记期间，严格贯彻党委领导下的校长负责制，牢牢把握社会主义办学方向，落实立德树人根本任务，坚持原则、担当作为，和班子成员密切协作，团结带领广大师生，推动学校党的建设和各项事业发展不断取得新的成绩；作风民主，待人真诚，亲和力强，廉洁自律，群众认可度高。希望黄晓玫同志尽快转变角色，熟悉情况，自觉融入，不辜负教育部党组的重托和群众的期待，与王焰新同志一道，团结带领全体班子成员和广大师生员工，推动学校各项工作再上新台阶。

张东刚司长强调，学校下一阶段要着力推进3个方面的工作。一要深入学习贯彻习近平新时代中国特色社会主义思想，牢牢把握社会主义办学方向。要把学校改革发展的"奋进之笔"转化为攻坚克难的具体行动，努力把学校建设成为"奋进之校"；要把立德树人成效作为检验学校一切工作的根本标准，自觉传承地大人的"红色基因"，努力培养担当民族复兴大任的时代新人。二要坚持鲜明办学特色，全面推进"双一流"建设。要以解决地质资源环境等领域重大问题为导向，大力建设"地球+""资源+""绿色+""治理+"学科群，强化地球科学领域的特色和优势；要主动对接“一带一路”“生态文明建设”“长江经济带”等重大国家战略，努力在共创美丽中国、共建宜居地球的过程中贡献地大智慧、地大方案。三要以政治建设为统领，全面加强学校领导班子和干部队伍建设。学校党委要把准政治方向，夯实政治根基，涵养政治生态，防范政治风险，永葆政治本色，提高政治能力，引领带动学校党的建设质量全面提高；要进一步贯彻好党委领导下的校长负责制，调动全校干部教师的工作主动性和创造性，不断增强领导班子办学治校的能力；要贯彻新时代党的组织路线，着力加强干部队伍建设，为学校事业发展提供源源不断的动力；要进一步严明政治纪律和政治规矩，努力打造山清水秀的育人环境和风清气正的政治生态；要树立底线思维，不断提高防范风险、抵御风险的能力，确保校园和谐稳定。

张东刚司长希望，学校领导班子和全体师生员工紧密团结在以习近平同志为核心的党中央周围，高举中国特色社会主义伟大旗帜，深入贯彻落实全国教育大会精神，不忘初心、牢记使命，谱写学校事业发展的新篇章，为建设教育强国、实现中华民族伟大复兴的“中国梦”做出新的更大贡献。

湖北省委组织部部务委员周志红在讲话中指出，中国地质大学作为世界地球科学和资源环境领域重要的人才培养基地和科研中心，在国际地质学界发挥着积极的影响，在中国高等教育布局中发挥着重要作用。学校长期扎根湖北、融入湖北、服务湖北，近年来在生态环境保护、新能源汽车、人工智能等领域全面发挥学科、人才与科技优势，积极围绕湖北“一芯两带三区”战略布局主动作为，为服务湖北高质量发展做出了贡献。湖北省委省政府将一如既往地支持学校建设，为学校发展创造良好的外部环境。她希望学校党委以高度的政治责任感和使命感组织开展好“不忘初心、牢记使命”主题教育，始终把学习贯彻习近平新时代中国特色社会主义思想作为主题教育的主线，切实做到守初心、担使命、找差距、抓落实；认真贯彻落实全国高校思想政治工作会议、全国教育大会精神，坚持社会主义办学方向，确保学校始终是培养社会主义事业建设者和接班人的坚强阵

▲ 湖北省委组织部部务委员周志红讲话

地；牢记大学的职责和使命，在更高起点谋划发展，在更高水平推动建设，继续深度融入湖北经济社会发展，充分发挥学校办学的特色优势，为湖北实现高质量发展发挥更大的作用。

黄晓玫衷心感谢教育部党组和湖北省委的信任，感谢地大全体师生的接纳。她说，今天作为学校新一任党委书记，深感这一任命的分量。地大与华师，同处一座城，共饮一江水，地大光荣的办学传统和蓬勃发展的势头引人瞩目。从桂子山到南望山，从南湖之滨到东湖之畔，变的是身份，不变的是对教育事业的初心。在新的岗位上，将一如既往地以社会主义政治家、教育家的标准严格要求自己，与干部师生一起努力把地大建设好、发展好。她表示，将严格按照教育部党组和湖北省委的要求，忠实履行职责，树牢“四个意识”，坚定“四个自信”，坚决做到“两个维护”，虚心向领导、班子成员、专家学者和广大干部群众学习，体察校情，倾听民意，关注热点难点，不断提升治校理政能力，落实立德树人根本任务，扎实推进从严治党，推进内涵式发展，与学校师生同呼吸、共命运，同奋斗、共甘苦，为早日实现“建设地球科学领域世界一流大学”的“地大梦”不懈努力。

▲ 新一任校党委书记黄晓玫讲话

王焰新代表学校领导班子和全校师生员工对教育部党组的任命决定表示坚决拥护，向教育部党组和湖北省委对学校长期以来的关心和支持表示衷心感谢。他指出，何光彩同志怀着对党的教育事业的高度责任感，夙夜在公，忘我投入工作，为学校事业发展做出了积极贡献。他代表全校师生员工对何光彩同志表示崇高敬意和由衷感谢。他表示，教育部党组任命黄晓玫同志担任学校党委书记，充分体现了教育部党组和湖北省委对学校的高度重视和殷切希望。我们要坚决把思想和行动统一到党中央的精神上来，统一到教育部党组和

▲ 校长王焰新讲话

湖北省委的决定和要求上来。全校干部师生要讲政治、顾大局，积极配合、全力支持黄晓玫同志的工作。我们要在以黄晓玫同志为班长的党委领导下，与全校师生一道，全面贯彻党的教育方针，落实立德树人根本任务，深入推进“双一流”建设，担当新使命，展现新作为，努力为实现“建设地球科学领域世界一流大学”的“地大梦”而不懈奋斗。

教育部人事司高校干部二处、湖北省委组织部干部五处、湖北省教育厅干部人事处负责同志，校领导班子成员、院士、学校老领导、党委委员、纪委委员、全体中层干部、教师及各方面代表参加会议。

附：黄晓玫同志简历

黄晓玫，女，1963年10月出生，湖北襄阳人。硕士研究生学历，法学硕士，研究员。1985年6月加入中国共产党，1985年7月于华中师范学院中文系毕业后留校参加工作。2009年11月任华中师范大学党委常委、副校长。2014年1月任华中师范大学党委副书记、纪委书记，兼任教育部中南教育管理干部培训中心主任。2017年1月任华中师范大学党委书记。2019年6月任中国地质大学（武汉）党委书记。

（**记者** 刘妍慧 **摄影** 张玉贤）

学校入选2019年度“全国创新创业典型经验高校”

教育部办公厅印发《关于公布2019年度全国创新创业典型经验高校名单的通知》，学校入选2019年度“全国创新创业典型经验高校”。此前，学校于2015年获批科技部首批国家级众创空间，2016年获评教育部第二批全国高校实践育人创新创业基地。

为全面贯彻落实党中央、国务院关于做好大学生创新创业工作的重要部署，积极发挥典型引领作用，推动全国高校进一步深化创新创业教育改革，提升创业指导服务工作水平，促进毕业生更高质量创业就业，教育部于2019年1月启动开展了2019年度全国高校创新创业总结宣传工作，面向全国所有高校开展，历时6个月，经过学校总结、推荐申报、专家初选、社会调查和实地调研等环节，最终评选出50所高校入围2019年度"全国创新创业典型经验高校"，其中中央部门所属高校8所、省属本科高校31所、高职高专院校11所。

近年来，学校积极响应国家创新驱动发展战略，围绕学科特色优势，坚持谋求"人与自然和谐发展"的价值观，将深化创新创业教育改革作为推进学校"双一流"建设的重要内容，紧密结合行业和服务区域需求开展创新创业教育。学校以培养"品德高尚、基础厚实、专业精深、知行合一"的高素质人才为目标，积极构建"跨学科专业交叉融合、教学与科研实践融合、创新创业教育与专业教育融合"的"三融合"人才培养模式。在全国 "互联网+"大学生创新创业大赛中，获得1金2银的优异成绩；培养出以"第十三届中国大学生年度人物"王奉宇、脚爬客信息技术有限公司创始人李鑫、中地水石环保科技有限公司创始人彭浩、"全国扶贫先进个人"翁新强为代表的一批创新创业人才。

新时代、新使命，新起点、新征程。学校认真贯彻全国教育大会精神和习近平总书记关于教育的重要论述，全面落实立德树人根本任务。学校全面推进"双一流"建设、一流本科建设和地球科学领域国际知名研究型大学建设新征程，坚持以跨学科专业交叉融合为基础，以教学与科研实践融合为关键，以创新创业教育与专业教育融合为根本，秉承"摇篮筑梦、星火燎原"的双创工作理念，按照"平原—高原—高峰"分层递进推动，形成创新创业人才培养燎原式发展态势；在师资、政策、经费、场地、机构等方面进一步改进和优化；加快推进"长江国际创客学院"的实体化运行，推进学校创新创业教育高质量发展，培养德智体美劳全面发展的社会主义建设者和接班人。

（**通讯员** 陈昭颖 姚琳）

中国地质大学召开"不忘初心、牢记使命"主题教育动员会

2019年9月12日，学校"不忘初心、牢记使命"主题教育动员会在南望山校区迎宾楼报告厅召开。校党委书记、主题教育领导小组组长黄晓玫作动员讲话，教育部直属高校"不忘初心、牢记使命"主题教育第八巡回指导组组长黄健柏讲话，会议由校长王焰新主持。

教育部直属高校"不忘初心、牢记使命"主题教育第八巡回指导组副组长张

▲“不忘初心、牢记使命”主题教育动员会

强、教育部高校党建工作联络员谢守成、第八巡回指导组成员，在校校领导、党委常委、校长助理、全体中层干部、教授党员代表、师生党员代表等参加动员会。

2019年5月，中央召开“不忘初心、牢记使命”主题教育工作会议，习近平总书记发表重要讲话，深刻阐明了开展主题教育的重大意义、目标要求和重点措施，为开展好主题教育提供了根本遵循，为党员干部守初心、担使命指明了前进方向。9月9日，教育部召开部直属高校“不忘初心、牢记使命”主题教育动员部署视频会，对主题教育进行全面安排部署，提出明确具体要求。为贯彻落实习近平总书记重要讲话精神和《中共中央关于在全党开展“不忘初心、牢记使命”主题教育的意见》，校党委将主题教育工作列入年度工作要点，通过领导干部讲专题党课、主题教育暑期专题读书班等方式，进行了较为充分的前期学习和思想准备。

校党委副书记唐辉明宣读了学校党委关于成立主题教育领导小组及工作组的通知。

▲ 校党委书记黄晓玫同志讲话

党委常委、组织部部长储祖旺解读了学校“不忘初心、牢记使命”主题教育工作方案。

黄晓玫结合学校实际，对开展“不忘初心、牢记使命”主题教育做出动员安排。

一要进一步提高政治站位，充分认识开展主题教育的重大意义。这次主题教育是党中央的重大决策部署，是促进高等教育内涵式发展、建设高等教育强国的强大动力，是加强高校党建和思想政治工作、确保党对教育工作全面领导的重要机遇。当前，学校开启了建设地球科学领域国际知名研究型大学新征程，要把党建打造成为引领学校各项事业发展的红色引擎，提升管党治党和办学治校能力，推进以“美丽中国　宜居地球：迈向2030”为主题的研究型大学规划落地落实。广大党员和干部师生要切实提高政治站位，把主题教育作为进一步增强“四个意识”、坚定“四个自信”、做到“两个维护”的大课堂、大熔炉。

二要准确把握目标要求，推动主题教育落细落实。要明确把深入学习贯彻习近平新时代中国特色社会主义思想作为根本任务，坚持“守初心、担使命、找差距、抓落实”的总要求，抓思想认识到位、抓检视问题到位、抓整改落实到位、抓组织领导到位。守初心，就是要时刻牢记根本宗旨，坚守为党育人、为国育才初心；担使命，就是要勇于担当、积极作为，担当立德树人、谋求人与自然和谐发展使命；找差距，就是要坚持高标准严要求，找准党建、思政和事业发展短板；抓落实，就是要埋头苦干解决难题，知重负重、攻坚克难、严实推进解决突出问题。要把“规定动作”做到位，把“自选动作”做出特色，深度推进“中国梦”伟大实践与“地大梦”具体行动，健全“三全育人”体制机制，以“严在地大”作风切实把各项任务落到实处。

三要精准落实重点举措，增强主题教育针对性、实效性。要结合学校实际，创新方式方法，把学习教育、调查研究、检视问题、整改落实贯穿始终，一体推进。学习教育要抓住要点，系统学习习近平总书记关于教育的重要论述，走深走心、走正走准、走稳走实，自觉对标世界一流，把学习成效体现到增强党性、提升能力、改进作风、推动工作上来，为学校事业改革发展凝聚最大合力。调查研究要聚焦难点，坚持“一线规则”，围绕“质量党建、三全育人、综合改革、服务保障”等调研方向，重点解决学校党建和思想政治工作存在的深层次问题，教师队伍建设改革面临的体制机制性障碍，学校改革发展遇到的瓶颈性问题，师生反应强烈、社会关注的热点难点问题。检视问题要直击痛点，从办学理念、治理现代化、学科建设、一流本科教育、人才与师资队伍建设、科技创新、干部队伍建设、全面从严治党、资源整合与配置、大学文化建设等方面查找问题，找准症结、拿出对策。整改落实要攻坚重点，突出“改”字当头，落实中央部署的8个方面突出问题专项整治工作，对发现的问题即知即改、立行立改，对重点整改任务挂图作战，加强过程跟踪，通过整改落实推动党的领导全面加强、推进学校改革发展事业全面提升。

四要切实加强组织领导，保障主题教育高质量开展。要压实政治责任，切实把党委的主体责任、主要负责同志的第一责任人职责、班子成员的“一岗双责”、领导干部的带头学习责任扛起来。要强化督促指导，高度重视巡回指导组的督促指导，加强对二级党组织的督促指导，抓好对师生党支部的督促指导，确保主题教育不走形、不变样。要注重宣传引导，宣传中央、教育部党组的部署要求，宣传学校主题教育开展情况，汇聚主题教育正能量，引导党员干部自觉学在深处、做在实处、走在前列。要坚持统筹推进，合理安排工作重点和进度，推动主题教育与日常工作有机融合、相互促进，用改革发展稳定的实际成果彰显主题教育的效果。

黄晓玫指出，开展好“不忘初心、牢记使命”主题教育是学校当前重大而紧迫的政治任务，要把开展主题教育作为落实立德树人根本任务、办好人民满意教育、培养“品德高尚、基础厚实、专业精深、知行合一”时代新人的强大动力；作为实现发展定位、学科建设、人才培养、科技创新、内部治理、文化建设“六个转变”，加快建设地球科学领域国际知名研究型大学、承担好美丽中国和宜居地球建设的重要机遇；作为不断提升办学治校能力，推进全面从严治党向纵深发展，营造风清气正良好政治生态的重要抓手。黄晓玫强调，全校上下要切实把思想和行动统一到党中央决策部署上来，增强抓好主题教育的思想、政治和行动自觉，刀刃向内推进自我革命，要发扬斗争精神敢于亮剑，为建设地球科学领域国际知名研究型大学汇聚磅礴力量，以优异成绩庆祝新中国七十华诞！

黄健柏发表讲话。他首先传达了党中央关于开展“不忘初心、牢记使命”主题教育的最新精神和要求，介绍了指导组的6项职责任务。他认为，中国地质大学（武汉）党委严格按照党中央部署要求，提前谋划、精心组织、周密安排，组建了领导机构和工作机构，研究制定了主题教育实施方案，组织开展了理论“热身”活动，准备工作扎实有力。就落实主题教育各项任务，他提出4点意见：一是聚焦主题、主线，深入学习贯彻习近平新时代中国特色

▲ 黄健柏同志讲话

社会主义思想；二是把握总体要求，努力实现“理论学习有收获、思想政治受洗礼、干事创业敢担当、为民服务解难题、清正廉洁做表率”的“五句话”目标；三是坚持高起点、高标准，统筹推进学习教育、调查研究、检视问题、整改落实4项重点措施；四是严格履行主体责任，切实防止形式主义、官僚主义。

王焰新在总结会议时进一步强调，要切实提高政治站位，压紧压实责任；明确工作任务与职责，扎实做好保障；深入学习工作方案，迅速推动落实；注重工作创新，做好统筹结合，以主题教育的实际成效加快推进地球科学领域国际知名研究型大学建设，为实现中华民族伟大复兴的“中国梦”做出新的更大贡献。

▲ 校长王焰新总结讲话

会后，学校召开“不忘初心、牢记使命”主题教育工作部署会，就主题教育工作机构、工作方案、工作机制等进行部署安排。“不忘初心、牢记使命”主题教育领导小组及工作组成员参加会议。

（**记者** 徐燕 许小康 **摄影** 张玉贤）

学校正式成立地理与信息工程学院

2019年12月21日，地理与信息工程学院正式揭牌。校党委书记黄晓玫、副校长

▲ 地理与信息工程学院成立仪式

赖旭龙、中科院院士金振民、湖北省科技厅副厅长杜耘、湖北省自然资源厅信息化处处长郭贵洲、湖北省发展和改革委员会环资处副处长王晓峻、湖北省自然资源厅信息中心副主任李江、湖北省生态环境厅环境科学研究院副院长刘哲、中科院精密测量科学与技术创新研究院院长罗志强、中科院地理科学与资源研究所原所长刘纪远等省直机关及科研院所负责人、十余所兄弟院校的代表、学校相关职能部门负责人等参加揭牌仪式。

黄晓玫、金振民、罗志强、刘纪远共同为地理与信息工程学院揭牌，并向地理与信息工程学院党委书记许德华、院长王绍强授院牌。

地理与信息工程学院是中国地质大学（武汉）和中科院地理科学与资源研究所、中科院精密测量科学与技术创新研究院共建学院。地理与信息工程学院于2018年由信息工程学院、地球科学学院地理系、公共管理学院区域规划系合并组建，是学校完善以地球系统科学为特色的学科生态系统的重要战略举措。

该学院现有1 721名本科生、547名硕士生、58名博士生、149名专业教师，拥有测绘科学与技术一级学科博士后流动站、测绘科学与技术一级学科博士点、地理学和软件工程两个一级学科硕士点，拥有国家地理信息系统工程技术研究中心。该学院以打造具有鲜明地学信息化特色的高水平研究型学院为目标，将在大数据、物联网与人工智能等新一代信息技术和对地观测技术的驱动下，围绕地理学、测绘科学与技术、软件工程三个学科领域重大科学问题以及"一带一路"、可持续发展、自然资源空间规划、智慧城市、生态文明建设等重大应用需求，扩大学校在地理、测绘、软件工程领域的学科优势，在促进测绘科学与技术、软件工程领域的学科持续发展的同时，实现地理学科的跨越式发展，努力成为国内地理空间科学与技术领域主要力量，成为培养具有国际视野的地学信息高层次、创新型、复合型人才的重要基地。

（**通讯员** 宋超 **摄影** 易修平 赵奕康）

学校审议通过研究型大学建设中长期战略规划

2019年12月25日，校党委书记黄晓玫主持第十二届第四十一次党委常委会，审议通过《地球科学领域国际知名研究型大学建设中长期战略规划》（简称《规划》）。

《规划》以“美丽中国　宜居地球：迈向2030”为战略主题，描绘学校“三步走”发展战略中“第二步”的发展蓝图，即在实现“地球科学一流、多学科协调发展”的阶段性办学目标的基础上，到2030年把学校建成地球科学领域国际知名研究型大学。

《规划》明确新阶段学校的办学使命是：坚守“人与自然和谐发展”的价值观，致力于培养“品德高尚、基础厚实、专业精深、知行合一”的创新人才，为建设美丽中国、宜居地球提供人才支持；致力于创新、应用和传播知识，为美丽中国、宜居地球建设提供思想、技术和方法；致力于优化治理、革新文化，充分激发和调动办学活力，为建设创新型国家、促进人与自然和谐共生服务，为人民服务，为中国共产党治国理政服务，为巩固和发展中国特色社会主义制度服务，为改革开放和社会主义现代化建设服务。

《规划》明确新阶段学校的奋斗目标是：到2030年，建成地球科学领域国际知名研究型大学。主要办学指标达到或接近国际知名研究型大学水平；地球科学学科发展位居世界前列，各学科竞进提质、争创一流；汇聚具有国际竞争力和影响力的师资队伍；成为一所彰显中国特色优势、深度参与国际交流合作，教育卓越、学术卓越、文化卓越、管理卓越的大学，整体进入世界一流大学建设行列。

《规划》明确新阶段地球科学领域研究型大学建设的指导原则和5个方面的战略重点：教育创新与人才培养、学术创新与社会参与、全球视野与国际交流、文化创新与价值引领、治理变革与管理创新，并根据国内外研究型大学建设的一般规律，提出了若干关键绩效指标，强调通过强化资源保障、强化规划执行确保2030年战略目标的实现。

以“美丽中国　宜居地球：迈向2030”为战略主题，编制《地球科学领域国际知名研究型大学建设中长期战略规划》，是学校第十二次党代会做出的重大决策部署，是学校历史上首个面向中长期发展的战略规划，对引领学校发展方向具有重大意义。为此，学校党委高度重视，成立以书记、校长为组长，全体校领导为副组长，相关职能部门主要负责同志为成员的领导小组和编制工作专班，按照战略性、前瞻性、系统性、开放性的要求对学校建设研究型大学进行战略设计和顶层谋划。《规划》编制过程中，编制工作专班通过教代会、学术委员会、师生座谈会、电子邮件等途径广泛听取师生意见，汇聚共识、广集众智，并专门举行专家咨询会，听取来自地球科学领域知名院士、高等教育领域知名专家，以及教育部、自然资源部和生态环境部等政府部门的指导意见，为科学编制《规划》奠定了良好基础。

以《规划》为指引，学校将始终坚持扎根中国大地，为党育人，为国育才，克难奋进；始终坚持追求学术卓越，推动人与自然和谐发展；更好地与世界地球科学领域高水平大学、科研院所、产业组织和各类机构互学互鉴、协同创新；更好地与志在推动人与自然和谐共生的有识之士共担责任、共创伟业；更好地与社会各界携手合作、互利共赢，推动共创美丽中国、共建宜居地球。

（**通讯员** 徐绍红）

本科教育教学会议：弘扬“严在地大”优良传统，加强基层教学体系与能力建设

2019 年 12 月 26 日，2019 年度本科教育教学会议在南望山校区弘毅堂召开。本次会议的主题是：落实“1331”本科人才培养思路，弘扬“严在地大”优良传统，切实加强基层教学体系与能力建设，矢志培养一流本科人才。中科院院士赵鹏大，校领导黄晓玫、王焰新、傅安洲、赖旭龙、唐辉明、王华、王林清、刘杰，党委常委、组织部长储祖旺，校长助理蒋少涌、周爱国，校教学督导团，全校教师（含专职科研人员、辅导员），全体处级以上领导干部，相关职能部门全体工作人员，各学院教学秘书，学生代表参加会议。党委副书记王林清主持会议。

校长王焰新院士作题为“切实加强基层教学体系与能力建设，矢志培养一流

▲ 2019 年度本科教育教学会议

本科人才”报告，强调了“严在地大”品牌建设，部署了加强基层教学体系与能力建设的重点任务。他指出，基层教学组织是高校集教学、教研等为一体的最为基础的细胞单位，是现代大学教学管理中最基本和最重要的组织结构，肩负着培养人才的重担，是高校落实教学任务、促进教师教学发展、组织开展学术研究、承担群体性教学活动的最基本教学单位。此次会议聚焦基层教学体系与能力建设，既找到了突破口，也找准了切入口。

▲ 校长王焰新院士讲话

王焰新说，基层教学体系与能力建设在学校有着优良的传统，已初见成效。但基层教学体系与能力建设和一流本科建设的标准相比还有差距。2020年是决胜“十三五”的收官之年，也是谋划“十四五”的起步之年。我们要坚持抓基层、基层抓的鲜明导向，把全面推进基层教学体系与能力建设作为学校治理体系与治理能力现代化的重点和关键，作为加快建设一流本科的基础和前提，作为培养一流本科人才的支撑与保障。重点围绕5个方面开展工作：一是深化改革，健全教学组织功能；二是激发制度、治理活力，打造教学育人共同体；三是推动教研、学科专业融合，增强教育教学改革动能；四是搭建平台，培育一流师资队伍；五是营造氛围，涵养争创一流风气。

王焰新指出，高等教育改革朝着本科教育满舵转向，时代呼唤本科教育回归本分，建设一流本科，培养一流本科人才，基层教学组织必将参与变革，并发挥重要作用。他希望，各人才培养单位切实提升教学治理体系和治理能力建设；各位教师始终把人才培养作为第一任务，不断提高教学水平和教学质量；全校管理服务人员始终把服务人才培养作为工作的第一要求，扎实做好教育教学服务保障工作；广大同学们始终把成长成才作为第一使命，追求卓越，学有所成。他强调，只要全校教师员工勠力同心、接力奋斗，争做一流教师、提供一流服务，就一定能培养一流人才，加快推进地球科学领域国际知名研究型大学建设。

副校长赖旭龙全面梳理了2019年本科教育教学工作取得的新发展和新成绩，并结合会议主题，对下一阶段教育教学工作提出3点要求：一是强化使命意识，坚守初心，坚持不懈树牢人才培养中心地位；二是强化担当意识，凝心聚力，坚持不懈深化本科教育教学改革；三是强化大局意识，协同合作，坚持不懈激发全员干事创业动能。

教务处处长周建伟以“打造一流基层教学组织　培育本科拔尖创新人才”为题，学生工作处处长邬海峰以“深耕学风建设‘四方田’助力一流本科人才培养”为题，地球科学学院院长章军锋以“打造地学拔尖人才培养高地：地学院基层教学体系与能力建设的实践与思考”为题，自动化学院院长吴敏以“创新本科教学工作提高人才培养质量”为题，工程学院王亮清教授以“创建一流国家教学团队培养卓越地质工程人才”为题，马克思主义学院郭关玉副教授以“提高教学实效性的十五字诀：20年教学工作体会”为题，分别作了交流发言。

大会对本年度各类教学奖项获奖团队和个人进行表彰，副校长傅安洲宣读了表彰名单。

校党委书记黄晓玫总结讲话。她指出，本次会议是学校启用未来城校区后的

▲ 校长王焰新院士（右一）为“2018年国家级教学成果奖”获奖团队代表颁奖

▲ 校党委书记黄晓玫（右一）为“2018年国家精品在线开放课程”负责人和“2018年国家虚拟仿真实验教学项目”负责人颁奖

▲ 副校长傅安洲（左一）为“第十一届全国辅导员年度人物入围奖”获奖者颁奖

▲ 副校长赖旭龙（右一）为“全国第五届‘互联网+’大学生创新创业大赛”获奖学生代表、指导教师代表，“2019年湖北高校省级优秀基层教学组织”“2019年湖北高校省级教学团队”代表颁奖

▲ 校党委副书记唐辉明(右一)先后为连续4年教学质量评价排名前10%的老师、连续3年教学质量评价排名前10%的老师颁发“教师教学质量评价优秀奖”

▲ 副校长王华(右一)为校“第十一届青年教师教学竞赛一等奖”获奖教师颁奖

▲ 副校长刘杰(右一)为“2019年度本科教学管理工作先进集体”和“先进个人”颁奖

▲ 校党委书记黄晓玫总结讲话

第一次本科教育教学会议,会议筹备充分、组织到位、安排得当。会议聚焦初心,切实落实立德树人根本任务;突出重点,探索加强基层教学体系与能力建设的方法举措;坚守传统,大力弘扬“严在地大”优良传统。本次会议主题鲜明、成果丰富、成效显著。就弘扬“严在地大”优良传统,加强基层教学体系与能力建设,她提出3点意见:一是切实加强党对教育教学工作的全面领导;二是持续深化主题教育成果,完善“三全育人”工作体系;三是统筹规划,有序推进,全面落实会议精神。她强调,面对建设地球科学领域国际知名研究型大学阶段性办学目标,我们要自觉增强“四个意识”,坚定“四个自信”,做到“两个维护”,坚持“以本为本”,推进“四个回归”,在保持优良传统的基础上不断创新,紧紧把握高等教育大发展的宝贵机遇,加快构建具有学校特色的高水平本科教育教学体系,努力培养德智体美劳全面发展、能够担当民族复兴大任的时代新人。

(**记者** 徐燕 **摄影** 张玉贤)

16个专业入选国家级一流本科专业建设点

2019年12月24日，教育部办公厅发布了《关于公布2019年度国家级和省级一流本科专业建设点名单的通知》，学校16个专业入选国家级一流本科专业建设点，2个专业入选省级一流本科专业建设点。

入选国家级一流本科专业建设点的专业是：地质学、资源勘查工程、水文与水资源工程、环境工程、土木工程、地质工程、地球物理学、勘查技术与工程、机械设计制造及其自动化、经济学、测绘工程、宝石及材料工艺学、土地资源管理、计算机科学与技术、自动化、海洋科学。入选省级一流本科专业建设点的专业是工商管理、地理信息科学。

近年来，学校深入贯彻落实全国教育大会和新时代全国高校本科教育工作会议精神，坚持"以本为本"，推进"四个回归"，围绕"品德高尚、基础厚实、专业精深、知行合一"的人才培养目标，制定了《一流本科行动计划（2019—2025）》《加强课堂教学建设　提高教学质量实施意见》《教师本科教学评价工作实施办法》等系列制度文件；以新工科理念为引领，着力深化专业综合改革，优化专业结构，积极发展新兴专业，改造提升传统专业，打造特色优势专业；注重学科交叉与跨界培养，发布并使用2019版本科人才培养方案，推进大类招生、大类培养，全面启动实施主辅修制度。立德树人的系列"组合拳"，极大地推进了本科教育教学质量的提升，此次入选专业数占学校现有本科专业数量的近30%。16个国家级一流本科专业建设点中，有工学专业12个、理学专业3个、经济学专业1个。

2019年4月，教育部启动一流本科专业建设"双万计划"，计划用3年时间建设10 000个国家级一流本科专业点和10 000个省级一流本科专业点。首批认定的国家级一流本科专业建设点为4 054个，其中中央部门所属高校1 691个、地方高校2 363个。

（**通讯员** 王美娟　庞岚）

领导关怀

湖北省委常委、组织部部长王瑞连来校看望慰问院士

2019年1月24日下午，湖北省委常委、组织部部长王瑞连来校看望慰问殷鸿福、金振民两位院士，向他们潜心教书育人、勇攀科学高峰，为湖北教育事业及经济社会发展贡献智慧力量表示衷心感谢，向他们致以新春祝福。省委组织部部务委员周志红、校党委书记何光彩、党委副书记唐辉明、校长助理周爱国等参加看望和慰问。

▲ 湖北省委常委、组织部部长王瑞连来校看望殷鸿福院士

王瑞连来到殷鸿福院士家中，悉心询问殷院士的生活和身体状况，赞扬殷院士在地球生物学领域做出开创性贡献，培养了一批批优秀人才，叮嘱他保重身体，并听取殷院士对湖北科技创新、高等教育改革发展、高层次人才队伍建设等方面的意见和建议。殷鸿福院士表示，将不负湖北省委省政府重托，继续砥砺前行，为建设创新型国家和推进湖北省科技创新、建设教育强省发挥更大作用。

▲ 湖北省委常委、组织部部长王瑞连来校看望金振民院士

随后，王瑞连前往办公室看望金振民院士，向他致以新春问候。金振民院士感谢湖北省委省政府的关怀，并介绍了地质学及相关学科的发展现状。他说，地大南迁湖北40多年来，在校园基础建设、学科建设、人才培养、科技创新及社会服务等方面取得了许多突出成果，学校面貌发生了巨变，这些都离不开湖北省委省政府的正确领导、高度重视和亲切关心。他表示，希望湖北省继续支持学校“双一流”建设及“地学长江计划”实施；同时，学校将充分发挥学科人才优势，积极服务湖北省高质量发展。

王瑞连考察地质过程与矿产资源国家重点实验室，了解实验室人才队伍、学术方向、科学研究及仪器研发等情况。

（**地大之声 记者** 徐燕 **摄影** 张玉贤）

习近平会见探月工程嫦娥四号任务参研参试人员代表
学校肖龙教授受到会见

▲ 肖龙教授(中)与有关专家在人民大会堂前合影

2019年2月20日下午,中共中央总书记、国家主席、中央军委主席习近平在北京人民大会堂会见探月工程嫦娥四号任务参研参试人员代表,发表重要讲话。学校地球科学学院行星科学研究所肖龙教授受到会见。

习近平强调,党中央决策实施探月工程,圆的就是中华民族自强不息的飞天揽月之梦。月球探测的每一个大胆设想、每一次成功实施,都是人类认识和利用星球能力的充分展示。在建成社会主义现代化强国、实现中华民族伟大复兴的征途上,每一个行业、每一个人都要心怀梦想、奋勇拼搏,一步一个脚印,一棒接着一棒,在奋力奔跑和接续奋斗中成就梦想。

作为学校行星科学的学科带头人,肖龙教授领导行星科学研究所积极参与了我国探月工程、火星探测及小行星探测等相关研究。他领导的团队在《科学》等国际一流期刊发表了大量高水平研究成果,行星科学研究水平得到了国内外同行的高度认可。

肖龙教授表示,受到中央领导的亲切接见,无比自豪、深受鼓舞,将牢记习近平总书记的殷殷嘱托,攀登科技高峰、探索宇宙奥秘,继续带领团队开展嫦娥四号科学数据的分析研究工作,力争产出更多高水平的科研成果,为实现我国探月工程目标做出新贡献。

嫦娥四号实施了两次发射任务，2018年5月21日发射“鹊桥”号中继星；由“玉兔二号”巡视器和着陆器组成的嫦娥四号探测器于2018年12月8日从西昌卫星发射中心升空，2019年1月3日顺利在月球背面预选区着陆，由多个国家和国际组织参与的科学探测任务陆续展开。嫦娥四号任务的圆满成功，标志着在人类历史上首次实现了航天器在月球背面软着陆和巡视勘察，首次实现了地球与月球背面的测控通信，在月球背面留下了世界探月史上的第一行足迹，揭开了古老月背的神秘面纱，开启了人类探索宇宙奥秘的新篇章。

（**地大之声 记者** 徐燕 张睿）

教育部党组书记、部长陈宝生来校调研

2019年4月19日，教育部党组书记、部长陈宝生莅临学校考察调研。湖北省委常委、省委宣传部部长、省委教育工委书记王艳玲陪同调研。校党委书记何光彩主持座谈会，校长王焰新汇报学校工作。

▲ 教育部党组书记、部长陈宝生讲话

陈宝生充分肯定了学校67年来取得的办学成就和“三步走”发展战略，勉励学校以习近平新时代中国特色社会主义思想为指导，深入学习贯彻党的十九大精神，深刻领会把握习近平总书记关于教育的重要论述的科学内涵和精神实质，认真贯彻落实全国高校思想政治工作会议、全国教育大会和学校思想政治理论课教师座谈会精神，全面贯彻党的教育方针，始终坚持社会主义办学方向，全面落实立德树人根本任务，扎根中国大地办好人民满意的大学。他指出，高等学校要聚焦灵魂、聚焦短板、聚焦明天、聚焦使命、聚焦特色，深刻领会习近平总书记关于当今世界处于百年未有之大变局重要论断的深刻内涵，主动服务国家重大发展战略，主动迎接机遇和挑战，抓紧补齐自身短板，着力克服同质化发展倾向，突出办学特色，提高办学质量，为实现中华民族伟大复兴的“中国梦”，努力培养德智体美劳全面发展的社会主义建设者和接班人。

何光彩汇报了学校党建、思政和维稳工作。他表示，学校将坚持以习近平新时代中国特色社会主义思想为指导，贯彻新时代党的建设总要求，落实立德树人根本任务，以“四个意识”导航、“四个自信”强基、“两个维护”铸魂，认真落实部党组和湖北省委省政府决策部署，突出主线、聚焦主题、明确主攻、落实主责，以党建引领学校事业改革发展，筑牢思想政治工作生命线，扎实练好办学治校基本功。

▲ 湖北省委教育工委书记王艳玲陪同调研

王焰新汇报了学校发展历程、办学传统、学科建设、人才培养、科技创新、社会服务等方面的情况。他表示，学校将在部党组的坚强领导下，在深层次认知地球、可持续开发利用地球资源、绿色发展等方面，不断发挥学科特色和人才科技优势，服务长江经济带高质量发展，为长江教育创新带建设做出积极贡献。在教育部、湖北省的关心支持下，写好“奋进之笔”，早日实现“地大梦”。

▲ 校党委书记何光彩汇报工作

座谈会上，殷鸿福院士以“打造长江绿色发展的世界样板”为题，汇报了学校参与长江生态大保护的有关情况。

▲ 校长王焰新汇报学校情况

金振民院士汇报了学校在宜居地球建设方面所做的工作。

▲ 殷鸿福院士发言

▲ 金振民院士发言

▲ 龚一鸣教授发言

地球科学学院龚一鸣教授围绕课堂教学与人才培养作汇报。

座谈会前，陈宝生部长一行来到生物地质与环境地质国家重点实验室，考察实验室分子地球生物学实验平台，亲切慰问殷鸿福院士、金振民院士，并与师生深入交流。谢树成教授汇报了学校“地学长江计划”进展情况，以及实验室在地球生物学研究方面取得的标志性成果。

教育部办公厅、发展规划司、学位管理与研究生教育司、湖北省教育厅负责同志等陪同调研。

（**记者** 徐燕 刘妍慧 **摄影** 张玉贤 赵奕康 易凡非）

教育部副部长翁铁慧来校调研

2019年7月19日，教育部党组成员、副部长翁铁慧一行来到学校，通过实地考察和座谈交流调研学校“双一流”建设和思政工作。湖北省委常委、省委宣传部部长、省委教育工委书记王艳玲陪同调研。校党委书记黄晓玫主持座谈会。

座谈会上，校长王焰新介绍了学校基本情况。他说，近年来，学校认真学习贯彻习近平新时代中国特色社会主义思想和党的十九大精神，全面贯彻党的教育方针，全面贯彻落实全国教育大会、全国高校思政会、学校思想政治理论课教师座谈会、第二十六次全国高校党建会精神，在教育部党组、湖北省委省政府的正确领导和大力支持下，紧紧围绕“建设地球科学领域世界一流大学”的长远办学目标，坚持和加强党的全面领导，落实立德树人根本任务，全面深化综合改革，扎实推进“双一流”建设，克难奋进、争创一流，各项事业快速发展，办学质量不断提高，贡献力、影响力持续增强。结合此次调研主题，王焰新专题汇报了学校“双一流”建设和思政工作。

教育部高校学生司司长王辉、学位管理与研究生教育司司长洪大用、思想政治工作司副司长张文斌充分肯定了学校在人才培养、学科建设、招生就业等方面取得的成绩，并结合所在司局工作提出了指导意见和建议。

▲ 教育部副部长翁铁慧指导工作

翁铁慧对学校改革发展中所取得的成绩予以充分肯定。她指出，中国地质大学（武汉）特色鲜明，办学定位精准、目标明确。在人才培养、科学研究、社会服务等各方面取得了令人振奋的成绩。世界一流学科建设高校也能建成世界一流大学，中国地质大学就具备这种可能性。

翁铁慧对学校下一步工作提出具体要求：一要落实立德树人根本任务，提高人才培养质量。学校要不忘初心，牢记使命，推进“三全育人”综合改革，不断加强和改进学校思想政治工作，尤其是要充分发挥教师和基层党组织的关键作用，充分挖掘地大育人实践中的优势特色，探索实践更多可推广的有益经验。二要重视学科布局，大力推进“双一流”建设。不断巩固、凸显学校特色优势学科发展，致力于实现学校在地球科学关键领域并跑、领跑世界先进水平。与此同时，要大力加强基础学科建设和地球领域相关学科建设，主动面向国民经济主战场和世界科学前沿，多出原创性和关键性的尖端技术，全力加强对“卡脖子”技术的研究和突破，争取多开展重大科研项目的研究，多产出国家级重大科研成果，努力为地方、区域经济发展做出更多贡献。三要重视人才队伍建设，尤其是加大基础学科人才引进和支持力度，提高学校治理水平和能力。她表示，将进一步加大对特色优势学科的“双一流”建设高校支持力度，大力支持学校推进研究型大学建设，推动多方合作共同建设好地大。

▲ 与会代表参观攀岩馆

黄晓玫表示，得到教育部领导的充分肯定和支持，学校备受鼓舞。学校将坚持以习近平新时代中国特色社会主义思想为指导，深刻领会部党组和省委省政府决策部署，科学做好顶层设计，加倍努力，为国家高等教育做出学校应有的贡献。

会前，翁铁慧一行实地调研了攀岩馆和地质过程与矿产资源国家重点实验室。在攀岩馆，翁铁慧一行听取了学校攀岩、游泳、羽毛球等特色体育工作的汇报，观看了攀岩训练。

▲ 翁铁慧（左二）一行调研国家重点实验室

在地质过程与矿产资源国家重点实验室，翁铁慧实地察看了该实验室重大仪器设备，认真询问了实验室开展重大科研项目等有关情况。

湖北省教育厅党组书记、厅长陶宏，教育部社会科学司副司长谭方正，教育部、湖北省教育厅相关部门负责人参加调研。

（**记者** 徐燕 **摄影** 陈伟 易凡非）

教学科研成果

巴东野外综合试验场被评为“中国产学研合作创新示范基地”

2019年1月6日，从第十二届中国产学研合作创新大会上获悉，学校巴东野外综合试验场被评为“中国产学研合作创新示范基地”。校党委副书记唐辉明代表学校上台领取了“中国产学研合作创新示范基地”牌匾和证书。

▲ 校党委副书记唐辉明（右二）代表学校领取证书

巴东野外综合试验场位于三峡库区巴东县黄土坡区域，是教育部“长江三峡库区地质灾害研究985优势学科创新平台”建设的关键工程，是集滑坡灾害防治、科研、教学及工程实践功能于一体的综合性野外基地，主要包括黄土坡滑坡地下试验隧洞群、地质灾害地表与地下监测系统、实验室与地质灾害信息平台三部分。

自2013年初运行以来，试验场支撑了国家“973”项目、国家重点研发计划项目、国家自然科学基金重点项目、国家重大仪器研发专项、国际合作项目等一批重要项目的研究，支撑了巴东国际地质灾害论坛的开办与运行，取得了一系列重要成果，在滑坡地质灾害防治领域发挥了重要作用，产生了广泛的国际学术影响。近年，聚焦大型涉水滑坡监测与防治的前沿科学问题与关键技术问题，通过产学研联合攻关，在滑坡多场关联监测的方法与技术上取得了重要突破，推动了行业技术进步，发挥了示范作用。

此前，学校巴东野外综合试验场，经由中国矿产资源与材料应用创新联盟推荐，单位申报，中国产学研合作创新示范基地专家委员会评审，认定为2018年中国产学研合作创新示范基地，有效期2018年2月至2023年12月。

（**地大之声 通讯员** 熊承仁 龚松林）

宋海军教授团队成果入选2018年度中国古生物学十大进展

2019年3月7日，中国古生物学会在南京发布2018年度中国古生物学十大进展。地球科学学院宋海军教授团队的研究成果“揭秘海洋生态系在二叠纪末大灭绝事件中的响应过程”入选十大进展。这是继谢树成教授团队的研究成果“地质微生物记录海洋和陆地的极端环境事件”入选2017年度中国古生物学十大进展之后，学校研究成果的第二次入选。

宋海军教授研究团队2018年在《科学·进展》和《美国地质学会会刊》发表了关于二叠纪—三叠纪大灭绝事件中海洋生态系演变的最新研究成果。研究表明，二叠纪末生物大灭绝导致海洋生态系表现异常，出现了一个畸形的生态系。在显生宙大多数时期，非移动型动物在海洋中占据主导地位，而伴随着二叠纪末大灭绝事件的发生，早三叠世的海洋以游泳型动物占主导地位。

该研究发现，生物多样性在灭绝事件发生后就开始反弹，在500万年后就恢复到了灭绝前的水平，而生态系统的恢复时间要长一个数量级，需要5 000万年，直到三叠纪末期才恢复到灭绝前的水平。这表明大灭绝事件对生态系统的破坏程度，要比当前的认识更为严重，破坏后的恢复和重建时间远长于生物多样性的恢复时间。

此次入选的十大进展分别是：三叠纪具喙的基干龟类及龟类的早期演化；改写有袋类起源的混元兽；距今3万至4万年前人类踏足高海拔青藏高原腹地；古生物学教材《生物演化与环境》；从化石研究现代鸟类生物学特征的演化；首次发现迄今最早的不对称飞羽；揭秘海洋生态系在二叠纪末大灭绝事件中的响应过程；埃迪卡拉纪具附肢两侧对称动物的足迹；雪球地球促进动物演化；贵州剑河寒武系苗岭统及乌溜阶层型剖面和点位。这些成果涉及古脊椎动物、古人类、古生态与古环境、早期生命、地层学等多个学科领域，大多发表在国际知名学术刊物上。

此次发布的十大进展，集中反映了最近一年我国在古生物学各领域所取得的具有国际影响力的重大科学成果，不仅有助于探究生命起源和演化的奥秘，同时具有一定的科学传播力和社会影响力。

中国古生物学会成立于1929年，是国内成立最早的自然科学学术团体之一。中国古生物学会自2017年1月开始开展中国古生物学年度十大进展评选和发布活动，每年1届，迄今已有3年。

（**地大之声 记者** 陈华文）

国家重点研发计划"高精度地球物理场观测设备研制"项目启动

2019年3月9日，由学校牵头的国家重点研发计划"重大自然灾害监测预警与防范"重点专项"高精度地球物理场观测设备研制"项目启动暨实施方案论证会在学校召开。中国地震局地球物理研究所高孟潭研究员、南方科技大学陈晓非院士、国家自然科学基金委地学部副巡视员郭进义研究员、中国地震局监测预报司马宏生副司长等项目实施方案论证专家，副校长王华以及项目组成员等60余人参加会议。

▲ 国家重点研发计划"高精度地球物理场观测设备研制"项目启动会

启动会上，王华介绍了学校的基本情况。他表示，作为项目牵头单位，学校将加强对项目的监督和管理，为项目的顺利实施做好各项保障工作。

实施方案论证会由咨询专家组组长高孟潭研究员主持。项目负责人胡祥云教授围绕研究背景与研究意义、研究内容与技术方案、研究团队及研究基础、预期成果及年度计划等方面作详细介绍。各课题负责人分别介绍了课题实施方案。

实施方案论证专家在听取项目及课题汇报后,就技术路线和组织实施等内容与项目组成员进行深入探讨。最终,项目及5个课题实施方案一致通过了专家论证,后续项目组将根据专家的意见和建议,全面推进项目实施。

该项目由中国地质大学牵头,汇聚了全国高精度地球物理仪器研制、新方法研发领域优势单位,包括中国地质大学、华中科技大学等8所高校、1家地震研究机构和1家国家级高新科技企业。面向大地震灾害监测预警与风险防范这一重大战略需求,针对制约我国高精度地球物理场观测和地震监测的核心技术问题,开展高精度地球物理场观测技术和设备的自主研发,构建设备研制、试验与入网规范、信息提取的一体化方法与技术体系,将对提升我国综合地震监测与防范能力具有重大意义。

（地大之声 通讯员 黄倩）

学校壳幔交换动力学创新引智基地入选"111计划"2.0

经教育部和科技部联合评估,学校壳幔交换动力学创新引智基地入选"111计划"2.0。

壳幔交换动力学创新引智基地于2007年立项,是学校首个获批立项的高等学校创新引智基地。因执行情况良好,2012年获得滚动支持,2018年圆满完成10年建设期"111计划"。壳幔交换动力学创新引智基地依托地质过程与矿产资源国家重点实验室,以华北克拉通及其邻区这一得天独厚的天然实验室为基地,通过实质性引才聚才,在平台建设、人才引进和培养、创新研究、社会服务、国际交流与合作等各方面均取得了丰硕成果,成为以微区地球化学研究和高温高压实验为特色,在国际上有一定知名度的深部地球动力学创新研究基地。

"111计划"2.0作为"111计划"的提升和延续,是教育部和科技部根据国家创新型发展战略需要,面向国际科技前沿和国家重大科技发展战略需求,进一步凝练学科发展方向,提升国内人才团队建设水平,增强科研合作能力,巩固和提升"111计划"在世界一流学科建设中的独特优势实施的专项计划。

（通讯员 张晓珊 王超）

殷鸿福院士被中国古生物学会授予终身成就荣誉

2019年11月18日，在第一届亚洲古生物学大会暨中国古生物学会成立90周年纪念活动中，地层及古生物学家、学校殷鸿福院士被中国古生物学会授予终身成就荣誉。

▲ 中国古生物学会终身成就荣誉

出生于1935年的殷鸿福教授，1956毕业于北京地质学院地质学专业。他是全国地层委员会副主任、国际二叠系—三叠系界线工作委员会主席。曾任中国地质大学（武汉）校长、国务院学位委员会委员、教育部地球科学教学指导委员会主任、国际地层委员会三叠纪分会副主席、国际地质对比计划359项主席等职，曾为政协第九届、第十届全国委员。1993年当选为中科院院士。

▲ 殷鸿福院士

殷鸿福院士创导地球生物学新方向，提出地质演化突变观。他最早出版《中国古生物地理学》，完成了我国第一部生态地层学专著，提出了生物—有机质—有机流体生物成矿系统；系统总结了我国及东亚的三叠系，并使国际地质学热点——古、中生代界线的全球层型（金钉子）得以设在中国浙江长兴，研究成果处于国际领先水平；出版专著30部，发表论文264篇；获国家自然科学奖二等奖3项、何梁何利基金科学技术进步奖1项、中国古生物学会尹赞勋奖、中国地质学会李四光地质科研奖等；获“全国先进工作者”“全国野外工作特殊贡献者”“湖北省特等劳动模范”“2018全国最美教师”等荣誉称号。

据悉，1929年，中国古生物学会由丁文江、李四光等老一辈古生物学家正式创建。90年来，中国古生物工作者们传承家国情怀，勇攀科学高峰，逐渐向世人打开了地球46亿年在中国留下的地层书卷。这期间，中国古生物学会见证了中国古生物学科的发展历程，推动了中国古生物学会的发展和壮大，并在学术活动、人才举荐、教育教学、国际交流、科学普及以及化石保护等领域结出了累累硕果，在面向国家需求、发挥智库作用、服务社会发展等方面发挥了不可替代的作用。

（**记者** 陈华文）

4位地大人当选中科院院士

2019年11月22日，中科院公布了2019年院士增选结果。4位地大人当选中科院院士，分别是：中国地质大学王焰新教授，中国地质大学地质过程与矿产资源国家重点实验室主任成秋明教授，校友、长安大学彭建兵教授，校友、中国科学院新疆生态与地理研究所肖文交研究员。

▲ 王焰新

王焰新，1984年获南京大学学士学位，1987年和1990年获中国地质大学硕士学位和博士学位，1990年留校任教至今。1994年被原地质矿产部破格晋升为教授，1998—1999年赴加拿大滑铁卢大学合作科研。2004年获国家杰出青年科学基金项目，2015年获国家自然科学基金委创新研究群体项目。获湖北省自然科学一等奖、“全国优秀科技工作者”、美国地下水协会John Hem奖、国际水文地质学家协会“应用水文地质奖”等国内外学术奖励10项。以第一或通讯作者发表SCI论文167篇，论文被SCI他引5 280次，以第一作者出版专著和教材共4部。

王焰新及其团队聚焦地下水水质研究前沿，创新发展了水文地质学理论与方法，选取长江、黄河和海河流域开展了劣质地下水成因的长期系统研究，揭示了有害物质在地下水系统中的赋存规律、释放机理和活化机制，近15年来SCI发文量和被引频次位居全球劣质地下水主要研究团队前列，提升了我国在该领域的国际学术地位。王焰新及其团队提出了利用矿物材料和“逆向调控有害物质迁移过程”的劣质地下水质改良新方法，并通过室内外实验和模拟验证其可行性，得到国内外同行认可与应用。基于地下水系统分析、水化学－同位素组成信息提取和溶质运移模拟，建立了地下水示踪新方法和适合我国水文地质条件的地下水污染脆弱性评价新模型。其理论研究成果在供水安全实践中发挥了重要作用。

▲ 成秋明

成秋明，中国地质大学（北京）教授，现任中国地质大学地质过程与矿产资源国家重点实验室主任。1982和1985年分别获长春地质学院学士和硕士学位，1994年获加拿大渥太华大学博士学位，曾任加拿大约克大学教授。发表SCI论文180余篇，论文被SCI他引4 000余次。2013年获国家科技进步二等奖（排名第一）。获得多项国际奖项，其中，2008年获得国际数学地球科学学会最高奖——克伦宾奖。2012年当选国际数学地球科学学会主席，2016年当选国际地质科学联合会（IUGS）主席，2019年当选国际科学理事会（ISC）科学规划委员会委员。

成秋明勇立国际地球科学前沿，长期致力于数学地球科学与矿产勘查研究，在复杂地质过程模拟与矿产资源定量预测等方面取得了具有重要国际影响力的系统性、创造性学术成果。他首创了奇异性理论模型，奠定了复杂地质过程奇异性定量研究的理论基础，发展了现代数学地球科学理论；建立的包含弱信息提取、复杂背景与叠加异常分离、多源信息融合3项核心技术的奇异性定量预测方法体系，在我国及其他19个国家得到成功应用并实现了找矿突破。其科研成果为复杂地质事件定量研究、覆盖区及深部矿产资源预测和找矿勘探做出了重要学术贡献，并得到了国际地球科学界的广泛赞誉。

彭建兵，1978年毕业于武汉地质学院地质专业，1999年获西安工程学院地质工程专业博士学位，现任长安大学教授、地质灾害防治研究院院长、教育部重点实验室主任、自然资源部科技创新团队负责人、国家“973”计划项目首席科学家、国家自然科学基金重大项目首席科学家，兼任国际地质灾害减灾联合会指导委员、中国地质学会工程地质专业委员会主任。

▲ 彭建兵

彭建兵长期从事工程地质与灾害地质科研和教学工作，围绕“松散层大变形”这一重要科学问题开展研究，取得了系统性创新成果。他揭示了盆地松散沉积层变形破裂动力学机制，提出地裂缝成因新观点。他率领团队研究发现盆地深部构造动力、区域构造应力和断裂局部构造应力形成地裂缝原型，超采地下水诱发地裂缝复活扩展，提出“构造控制、应力驱动、抽水扩展” 的地裂缝成因新观点。他通过对东非裂谷地裂缝对比研究证明这种成因具普遍性，被国际学术界认为“是目前地裂缝成因最为流行和广泛接受的理论”；揭示了黄土堆积层变形滑移动力学机制，创新黄土滑坡成因理论；突破了地裂缝与黄土滑坡防控系列难题，为国家减灾防灾做出了重要贡献；创新性地提出了区域稳定动力学的理论与方法体系，应用解决了黄河上游积石峡、黑山峡和陕西黑河等大型水电工程的一系列重大工程地质问题，为西部水电工程开发建设做出了有益贡献。发表学术论文352篇，其中被SCI、EI收录207篇，出版专著10部；培养硕士、博士和博士后共126人。

肖文交，1989年7月获长春地质学院学士学位，1992年7月获中国地质大学构造地质学专业硕士学位，1995年秋获中科院地质研究所沉积学专业理学博士学位，现为中科院新疆生态与地理研究所副所长。

▲ 肖文交

肖文交长期从事沉积大地构造学研究，瞄准造山作用与大陆增生机制的国际研究前沿，围绕造山带结构及时限、造山方式与大陆增生机制等关键科学问题，坚持在中国北方及邻区戈壁山区开展系统研究，在中亚造山带构造格局和大陆增生机制等领域取得了系统性创新成果，获得国内外学术界广泛关注与好评。发表SCI论文200余篇（以第一作者和通讯作者发表70余篇），入选ESI地球科学领域全球“高引用科学家”排行榜、Elsevier中国“高被引学者”榜单。获国家自然科学奖二等奖和新疆科技进步奖一等奖（均排名第一），获黄汲清青年地质科学技术奖并获“全国野外科技工作先进个人”称号，入选首批“万人计划”等；获国家杰出青年基金项目资助，主持国家“973”项目、深地专项项目与基金委重点项目等。当选美国地质学会会士（GSA Fellow），任*GSA Bulletin*（美国）、《地质科学》、*Journal of the Geological Society*（英国）等多个国内外刊物主编、副主编或编委。任国际地质对比计划项目IGCP－592、IGCP－662共同主席。

（图片均由本人提供）（**记者** 徐燕）

社会合作

学校与德国弗莱贝格工业大学签署合作协议

2019年1月15—16日，副校长赖旭龙率团参加在德国弗莱贝格工业大学举办的“第二十五届克鲁格学术研讨会”，并代表学校与该校签署了合作协议。

▲ 赖旭龙与克劳斯·迪特尔（左二）签署两校本－硕培养协议

在中华人民共和国驻德意志联邦共和国大使史明德和萨克森州科学与艺术部部长乌维·高卢的见证下，赖旭龙和弗莱贝格工业大学校长克劳斯·迪特尔签署了两校本－硕培养协议。根据两校合作协议，学校应届本科毕业生可申请到弗莱贝格工业大学攻读英语授课的研究生课程，达到要求后可授予硕士学位。

在会谈中，赖旭龙表示，两校今后应在地质灾害、岩土工程、石油工程、环境工程、新材料以及新能源等方面进一步加强交流与合作。

访问期间，赖旭龙一行陪同史明德看望了在弗莱贝格工业大学的中国留学生，并与该校的地质系、岩土所的教授进行了学术交流，参观了实验室。

弗莱贝格工业大学成立于1765年，是世界上最古老的技术大学和最早的矿业大学之一。该校在德国高校发展研究中心和德国《世界报》近10年的历届高校学习科目排名中都名列前茅，涉及地质、能源、环境、材料四大领域，开设的20多个专业除传统的机械制造、化学、企业经济等方向外，还包括加工技术、计算机网络、经济工程、地质与矿产等，共有在校生近5 000名，其中约11%为国际学生。

（地大之声 通讯员 宫斯宁 袁江）

德国萨克森州政府及商务访华团来校访问

2019年3月29日，德国萨克森州环境与农业部部长托马斯·施密特、德国弗莱贝格工业大学校长克劳斯·迪特尔、萨克森州议员龙尼·韦那和卢茨·里克特一行4人来校访问。校长王焰新、副校长赖旭龙接见了代表团一行。

▲ 德国萨克森州政府及商务访华团来校访问

赖旭龙代表学校致欢迎词。托马斯·施密特对萨克森州的环境保护政策和农业政策作了介绍，并详细介绍了萨克森州的矿业体系。他表示，矿业是萨克森州的传统产业，传统矿业也可以转化为旅游业，希望湖北省和萨克森州、中国地质大学（武汉）和弗莱贝格工业大学在矿山治理、环境治理等方面加强合作，共同为生态环境保护做出贡献。

座谈会上，工程学院项伟教授对秭归产学研基地和巴东野外地质实习基地的教学资源、国际交流及保障条件等作了介绍。

王焰新对德国萨克森州政府及商务访华团的来访表示欢迎，并介绍了湖北省的教育简况、学校与德国高校的合作概况。他表示，湖北省与萨克森州从地理环境到经济情况等方面有很多相同点。学校将深化与弗莱贝格工业大学在本科生、研究生培养方面的交流合作，并在矿山环境修复、地质灾害研究与防治、土壤污染和水污染治理等方面加强科研合作。希望学校成为湖北省和萨克森州科技产业合作的平台，为中德两国的合作和友谊做出贡献。

访问期间，德国萨克森州政府及商务访华团参观了生物地质与环境地质国家重点实验室，详细了解了实验室无机分析平台、有机分析平台、环境微生物平台、形貌分析平台及同位素分析平台等方面的建设运行情况。

（**通讯员** 宫斯宁 倪倩）

波兰什切青大学校长率团来校访问

2019年4月7—10日，波兰什切青大学校长沃达尔奇克·爱德华率代表团来校访问。校党委书记何光彩，副校长赖旭龙、刘勇胜，中科院院士赵鹏大，相关学院、部门负责人接待了来访团。

随团来访的还有什切青大学科技与国际事务副校长戈尔斯基·马雷克·皮奥特尔、国际事务部主任米苏卡伊蒂斯·乔安娜·伊娃、地球科学学院院长哈尔夫·简·爱德华、海洋与沿海科学研究院主任奥斯达丘克· 安杰伊·马雷克，以及一名拟申请来学校攻读博士学位的学生米卢奇·雅库布·马特乌什。

4月9日上午，学校与什切青大学代表团举行合作会谈。刘勇胜主持会谈，代表学校欢迎代表团的来访。何光彩介绍了学校的发展历史、学科专业、基础设施和国际交流情况，回顾了两校合作历史。沃达尔奇克·爱德华介绍了什切青大学的情况，并表示两校在学科设置、发展理念等方面均有较高的相似度，期待后期的广泛合作。

▲ 何光彩（一排左一）与沃达尔奇克·爱德华（一排右一）签署协议

会议期间，何光彩与沃达尔奇克·爱德华现场签署学生交换合作协议。根据协议，两校拟将于本年度开展学生交换工作，双方商定将在欧盟伊拉斯谟项目、中国政府奖学金项目、短期访学项目等学生互派项目、教师互访项目，以及合作科研、联合申请自然基金项目等领域加强合作交流。

4月10日上午，波兰什切青大学校长沃达尔奇克·爱德华一行拜访了学校赵鹏大院士。赵鹏大院士详细询问了两校合作情况，并希望两校合作顺利开展。

来访期间，波兰什切青大学校长沃达尔奇克·爱德华一行参观了学校博物馆，与海洋学院师生会谈，讨论院系间的科研合作事宜。

据悉，什切青大学始建于1984年，毗邻波罗的海，是波美拉尼亚区域最大的大学。该校哈尔夫·简·爱德华教授与赵鹏大院士、成秋明教授、姜涛教授、喻建新教授等均有长期广泛的合作。2018年4月，两校签署谅解备忘录，双方正式讨论校际层面的合作。

（**通讯员** 李雅莉 张立军）

“中国—上海合作组织地学合作研究中心武汉学院”揭牌仪式举行

2019年9月10—11日，2019“‘一带一路’国际地学合作与矿业投资论坛暨上海合作组织地质青年实践交流营”在西安召开。自然资源部中国地质调查局副局长李金发、西安市政协副主席李佐成、中国地质大学（武汉）副校长傅安洲参加会议。来自乌兹别克斯坦、安哥拉、埃塞俄比亚、阿根廷、尼日利亚、加纳、柬埔寨等23个国家地矿机构的领导和科研人员共计200余人参加了论坛。

论坛期间，举行了“中国—上海合作组织地学合作研究中心武汉学院”（简称“上合地学武汉学院”）揭牌仪式。

中国地质调查局副局长李金发和傅安洲副校长共同为“上合地学武汉学院”揭牌。

▲“中国—上海合作组织地学合作研究中心武汉学院”揭牌仪式

傅安洲指出,“上合地学武汉学院”是在“一带一路”建设有序推进、上海合作组织蓬勃发展的大背景下应运而生的,是行业部门与高校协同创新、契合国家发展大局的一大举措。“上合地学武汉学院”将服务国家发展战略和外交大局,服务“中国—上海合作组织地学合作研究中心”发展亟需,依托学校在地学领域的学科优势、科技成果转化和人才培养基础,配合“中国—上海合作组织地学合作研究中心”打造具有广泛国际影响力的地学合作研究和人才培养培训基地,支撑“中国—上海合作组织地学合作研究中心”长期稳定发展。同时满足学校自身国际化办学的需求,构建新的互联互通、资源共享、优势互补的人才培养和学术交流平台,推动学校国际化办学迈上新台阶,为建设地球科学领域世界一流大学增添新动能。

“上合地学武汉学院”将依托学校的学科、人才、科研和国际化优势,在地质、资源、水文、环境、工程、公共管理、经济管理等领域开展国际化人才培养、科研合作和国际交流,为上海合作组织成员国(观察员国)开展地球科学国际合作提供人才和智力支持。

本次论坛是在“欧亚经济论坛”框架下,由自然资源部中国地质调查局和陕西省人民政府依托“中国—上海合作组织地学合作研究中心”共同举办。

(**通讯员** 许峰)

俄罗斯国立地质勘探大学校长一行来校访问

2019年9月26日,俄罗斯国立地质勘探大学校长康斯亚诺夫·瓦季姆、副校长科瓦尔·亚历山大一行来校访问。校长王焰新、副校长赖旭龙、相关单位负责人接待了来访团。

双方举行合作会谈,共同回顾了几十年来的合作历史与成就,并为共同培养出赵鹏大院士这样的杰出人才感到骄傲。双方就合作培养学生、共同申请国际科研项目、共同促进国际学术刊物交流以及联合开展野外实习等方面的合作进行了深入交流。会谈期间,校领导表示将鼓励和支持学校学生赴俄罗斯国立地质勘探大学进行深造。

王焰新代表学校与俄罗斯国立地质勘探大学签订了两校友好合作备忘录。

期间,校长康斯亚诺夫·瓦季姆和副校长科瓦尔·亚历山大参加了由学校和

▲ 与会人员合影

俄罗斯国立地质勘探大学联合举办的第一届地球深部钻探与深地资源开发高端论坛。

据悉，俄罗斯国立地质勘探大学是俄罗斯第一所专攻地质勘探学科的高等学府，于1918年建校，当时名为莫斯科矿业学院。2005年更名为俄罗斯国立地质勘探大学。

（**通讯员** 宫斯宁 张立军）

"中国—东盟地学合作中心东盟学院"揭牌仪式举行

2019年11月15日，第十届中国—东盟矿业合作论坛期间，在中国地质调查局、中国—东盟地学合作中心举办的"中国—东盟地学合作研讨会"上，学校与中国—东盟地学合作中心、成都理工大学达成共建"中国—东盟地学合作中心东盟学院"（简称"东盟学院"）协议，两个学校分体独立运行。

自然资源部中国地质调查局副局长李金发，中国—东盟地学合作中心（成都）主任，中国地质调查局成都地质调查中心主任李文昌，中国—东盟地学合作中心（南宁）主任、广西壮族自治区地质矿产勘查开发局局长唐善茂，学校副校长赖旭龙，成都理工大学校长刘清友共同参加"东盟学院"揭牌仪式。

赖旭龙表示，"东盟学院"的成立是加快落实李克强总理提出的中国愿与东盟国家"共建地学合作中心"的重要讲话精神，服务国家发展战略和外交大局的一大

▲ “东盟学院”揭牌仪式

重要举措，有利于推进“一带一路”倡议与《东盟愿景2025》的深入对接，有利于加强中国与东盟各国在地学、矿业及教育领域的深度合作，支撑构建“中国—东盟命运共同体”。“中国—东盟地学合作中心东盟学院”将依托学校的学科、人才、科研和国际化优势，在地质、资源、水文、环境、灾害、工程、公共管理、经济管理等领域开展国际化人才培养，为东盟国家开展地球科学领域的国际合作提供人才支撑、科技服务和决策咨询，打造具有广泛国际影响力的地学合作研究和人才培养培训基地，增强中国在东盟国家的教育影响力、文化亲和力和综合服务能力，为东盟国家共同发展凝聚共识和智慧，促进区域经济可持续发展。

据悉，中国—东盟矿业合作论坛作为我国主办的与东盟合作的国际平台，已连续成功举办了9届，现已发展成为中国与东盟国家连年举办的规模最大的国际矿业盛会。

（**通讯员** 刘小舟 许峰）

学校与日本名古屋工业大学签署合作谅解备忘录

2019年12月9日，学校与日本名古屋工业大学合作谅解备忘录签字仪式在八角楼举行。校长王焰新院士，名古屋工业大学校长鹈飼裕之，相关单位、学院负责人，自动化学院师生参加了签署仪式。国际合作处处长甘义群主持签字仪式。

王焰新致欢迎词。他认为，此次校际合作备忘录的正式签署，标志着学校与名古屋工业大学开启全面合作。学校将大力加强与该校的合作交流，携手打造研究生联合培养共同体，助力两校关系再上新台阶。

鹈飼裕之致辞。他表示，与海外大学和企业进行合作研究，培养优秀人才是大学的职责。他希望，通过合作交流，共同推进两校国际交流事业发展进步。

根据备忘录，双方将在控制相关领域开展合作，建立科研信息互换、研究生联合培养与交换、科研项目合作和双方研究人员互访等机制。双方商定，逐步推进

▲ 王焰新（一排右一）与鹈飼裕之（一排左一）签署合作谅解备忘录

控制领域合作平台建设，以加强双方在该领域基础研究、高新技术研发、人才培养和成果转化方面的合作。

日本名古屋工业大学始建于1905年，以培养工业界的核心力量为初衷而设立，是一所国际知名大学，是日本创立最早的工科大学之一。该校在工科培养方面有着深厚的积淀，秉承着先进的工程教育理念，在工程技术领域、研究创新方面做出了突出贡献，培养了一大批优秀的工程师和管理人才。

此次合作由自动化学院牵头开展实施。

（**通讯员** 张中元 **摄影** 李理 赵子昂）

学校与中南勘察设计院集团有限公司签订产学研基地合作协议

2019年12月13日，学校与中南勘察设计院集团有限公司（简称“中南院集团”）联合共建产学研基地签约仪式在工程楼315会议室举行。中南院集团党委副书记夏彩霞、代总经理刘佑祥一行，校党委副书记唐辉明、工程学院党委书记陈飞等参加了签约仪式。陈飞主持签约仪式。

唐辉明致辞。他介绍了学校的发展历程、学科建设、科学研究、社会服务等方面的情况。他指出，学校与中南院集团此次续签产学研基地合作协议，是校企合作的进一步深化和丰富，希望双方今后在人才培训、科学研究、项目申报等方面继续开展全面合作。

▲ 学校与中南勘察设计院集团有限公司签订产学研基地合作协议

夏彩霞指出，地大与中南院集团自2012年共建产学研合作基地后，一直致力于搭建共建、共享、共赢的平台，为中南院集团培养、输送了大批人才，为中南院集团重大项目平台的申报提供了大力支持。

刘佑祥与唐辉明在产学研基地合作协议上签字。根据协议，双方将发挥各自优势，实现信息资源共享、优势互补，在人才培养、科学研究、重大课题咨询、科技成果转化应用等方面开展合作。

唐辉明为中南院集团教授级高级工程师马郧颁发客座教授聘书。马郧表示，将一如既往地支持学校的建设和发展，为学校发展贡献自己的力量。

与会人员就合作方式、科学研究、人才培养等具体合作事宜进行了交流。

签约仪式结束后，马郧以“双排桩支护结构及其在长江Ⅰ级阶地深基坑工程中的应用”为题为师生作学术报告，150余名师生参加了报告会。

据了解，中南勘察设计院集团有限公司于1955年建立，系国家建工部（现住房与城乡建设部）最早组建的部属综合性勘察设计院，现为湖北省交通投资集团有限公司控股成员企业，拥有8家全资或控股子公司及4家分公司。先后荣获“国家高新技术企业”“全国勘察设计先进单位” “全国勘察设计行业创优性企业”“全国安康杯优胜企业”“全国十佳岩土工程企业”“湖北省勘察设计十强企业”“湖北省守合同重信用企业”等荣誉称号。

（通讯员 胡燕）

第二章
地负海涵容万象

伟大与平凡 | 王焰新校长在2019年毕业典礼上的讲话

亲爱的2019届同学们：

大家上午好！

相遇九月，离别今朝。几天前，你们还在“情忆南望”中互诉衷肠，今天我们隆重举行2019年毕业典礼和学位授予仪式，欢送你们“梦想起航”。几个春秋的改变与坚守，你们在地大留下砥砺奋斗的靓丽身影。回望这一路的成长与蜕变，老师的教诲、同学的帮助、朋友的支持、家人的呵护……都积蓄成今日扬帆远航的激情与力量。我提议，让我们用掌声向他们致以最诚挚的谢意！

在这几个春秋里，我们见证了很多，“正义必胜！和平必胜！人民必胜！”的宣告响彻世界；“不忘初心、继续前行”走好新时代长征路的豪迈壮志；深入学习新思想，在新时代、新征程中奋斗的姿态；在“重走改革开放之路”中感悟中华民族从站起来、富起来到强起来的伟大飞跃；“寻找五四——新青年课堂”中唱响无悔青春的奋斗之歌。我们见证的伟大时刻，正是中国共产党带领亿万人民不断追梦、不断奔跑，用勤劳与智慧成就的。

在这几个春秋里，我们经历了很多，作为一名忠实的“阅读者”，我记住了你们无数个平凡而不平庸的故事：清晨6:45的校园操场重复着你们蓬勃昂然的身影，深夜的实验室里承载着你们奋斗逐梦的笔记，暴晒的太平山顶蒸腾着你们执著无悔的汗水，遥远的贫困山区记录着你们实践奔波的脚印……前不久，当得知你们中间有全体同学继续读研的“学霸班”“学霸寝室”，我禁不住在朋友圈里高声喊话：“来地大，成学霸！”是你们，用一点一滴的努力，在学校修炼品行，收获成长，留下你们不平凡的青春记忆。

亲爱的同学们，即将年满67岁、却如少年般英姿勃发的地大，南迁办学50载，几经更名、风雨相随、初心不改、奋斗不息。这几年，学校与你们一起见证阶段性办学目标的提前实现，与你们共同开启世界一流学科建设和地球科学领域国际知名研究型大学建设的伟大航程；这几年，学校的师资队伍越来越优化、治学风气越来越浓厚、“国际范儿”越来越出众、校园环境越来越秀美……这些都为你们带来了更好的学习环境、更优的学习资源，更棒的学习体验、更美的青春回忆。尽管我和我的许多同事们夙夜在公、忘我劳作，尽管我已青丝变白发，但遗憾的是，还有很多不尽如人意的地方让你们有想要“diss”的冲动。但我相信，只要每一位地大人都奋发图强、久久为功，终会让地大站在“C位”，也值得你们为她“种草”！

征程万里风正劲，重任千钧再出发。从今天起，你们即将远足，告别这片热土，独自走向更大、更宽广的人生舞台。古人折柳相送以寄惜别之情；今天与大家分享我对“伟大与平凡”的体会，以表师长的不舍与期许。

何谓伟大？金钱之多？地位之高？还是名望之广？显然并不等价。我理解的伟大，当是“花开自有清香气，散作乾坤万里春”的崇高品格和卓越才识；当是胸怀远大理想，投身伟大事业，“鹰击长空，鱼翔浅底”的非凡气魄与鸿鹄志向。而所谓的平凡，是面对艰难曲折，“千磨万击还坚劲，任尔东西南北风”的淡定；是面对纷繁复杂，保持“倚花照海花无数，高山流水心自知”的率真。正如“艰苦朴素、求真务实”的朴实无华引领着我们每一个地大人在伟大与平凡之间穿梭往来，“用地大之锤凿出大地之光”。

同学们，伟大引领平凡，希望你们胸怀伟大梦想，牢记历史使命，明责思进。实现中华民族伟大复兴的“中国梦”正引领我们寻求“最大公约数”，画好“最大同心圆”，汇聚成磅礴力量。然而，实现伟大梦想的征程中依旧面临各种考验和风险：霸凌行为仍不时打破和谐，黑恶势力仍意图破坏稳定……“不管风吹浪打，胜似闲庭信步”，我们只有集中精力办好自己的事情，才能实现我们的伟大目标。在实现“地大梦”和建设美丽中国、共建宜居地球、谋求人与自然和谐发展的过程中，每一个地大人都不应缺席，更不能缺位。你们幸运地赶上最好的奋斗时代，将参与和见证伟大的竞争、伟大的崛起。没有哪一种伟大是靠转发“锦鲤”就能得来的。伟大“中国梦”的实现，需要你们在国家、社会、家庭和自我的四维坐标之中，不忘初心、勇担使命；需要你们在繁忙、休闲之时坚持学习、练就本领；需要你们在困难、挫折前面挺起脊梁、搏击长空。

同学们，伟大呼唤平凡，希望你们投身伟大事业，勇担时代重任，奋发有为。我粗略地算了一下，你们中间年龄大一点的博士到2050年也才60岁左右，小的“95”后只有50多岁，这期间大家年富力强，正是干事创业的好时候。能恰逢两个百年交汇，投身伟大事业，你们何其幸运！青年毛泽东曾大声疾呼：“天下者，我们的天下；国家者，我们的国家；社会者，我们的社会。我们不说，谁说？我们不干，谁干？"你们的学长、老师，全国优秀教师李德威教授正是这样一位干大事的人，弥留之际写下的"开发固热能，中国能崛起"10个字是他孜孜以求的伟大事业的真实写照。你们正值青春年华，要知道进取才有未来，在想清楚"跟谁走，和谁在一起，干什么事"之后，要忠诚于一个梦想、忠心于一个信念、忠实于一项事业，拿出"虽千万人吾往矣"的气魄，以"为有牺牲多壮志，敢叫日月换新天"的精神，投身伟大事业。

伟大是一种境界，但它又不是高不可攀、遥不可及的，把每一项平凡工作做好，就是不平凡。正是万千平凡人直面工作生活中的困难、勇于奋斗、拼搏圆梦的精神，才成就了我们这个不平凡的时代。

同学们，平凡孕育伟大，希望你们理解平凡的价值，在日常中积淀，厚积薄发。古往今来，伟大人物无不源自伟大事业，而伟大事业无不源自日复一日的平凡。一代代地大人用步履丈量大地，用目光感知世界，便是用平凡的身姿来告诉我们，生命的躯壳是平凡的，但生命的价值可以不平凡。学校杰出校友、2008年北京奥运会国家体育场(即"鸟巢")总工程师李久林说："信心是在很多重大工程中积累起来的。"建设"鸟巢"时，9个钢厂、1 600km运距、3个拼装单位、几百名焊工、30万延米的焊缝……每一个环节，李久林都要把关。我常想，如此伟大的世纪工程能够垂青他担纲建设，归根到底是因为他传承了地大人的优良作风，那就是：身处平凡时，不怨天尤人、不自暴自弃，不在平凡中迷失自己，不让自己由平凡堕落为平庸，而是在平凡中汲取养分，在平凡中锤炼品德，在平凡中锻炼能力。

同学们，平凡涵养伟大，希望你们感悟平凡的美好，在生活中淡然处世，本真做人。马克思在《青年在选择职业时的考虑》一文中写道："历史承认那些为共同目标劳动因而自己变得高尚的人是伟大人物；经验赞美那些为大多数人带来幸福的人是最幸福的人。"学校杰出校友、1962届毕业生陈国南学长是广西玉林家喻户晓的"水神"和"散财老农"，农闲时帮百姓看水井、找水源，义务找井超过10万口，40年来几乎拿出所有工资为资助贫困生继续学业。"吃的都是素的，穿的是破的，住的是简陋的，为人民的心是红的"，他用朴实平凡的生活诠释了生命的伟大。还有无数的地大人，把汗水洒在戈壁荒野，把身影留在高山大海，把我们无穷的智慧献给祖国人民，用自己平凡的生活成就着平凡世界中的伟大。当然，我希望你们每个人将来能在伟大事业中成就伟大人生，但绝大多数人可能会在平凡的工作岗位上过完平凡的一生。当自己拥有一份喜欢的工作、一位相爱的伴侣、一个美满的家庭，这便是平凡的幸福；当自己的思想拓展了人类的知识边界，自己的行动为众生带来便利，为社会带来价值，便是不平凡的幸福。希望你们在平凡的奋斗中用心感知幸福、发现幸福，在平淡的生活中寻找幸福、品味幸福。

几年前，我明白你们会来，所以我等；今天起，我知道你们会回家，所以我盼。感谢当初的你们选择了地大，也期盼未来的你们在平凡的岗位上做出不平凡的、伟大的业绩，将地大人的家国情怀和历史担当，浓墨重彩地写进新时代的壮丽篇章。

亲爱的同学们：几个春秋里，寒来暑往，你们把地大穿在身上；今日一别，山高水长，一种相思、两处牵挂，母校永远把你们放在心里。亲爱的同学们，你乘坐的“梦想号”就要从南望山站发车了，请背上你的行囊，带上母校的守望与期盼，踏上锦程，迈向未来！

谢谢大家！

福建校友分会召开2019年理事会

2019年3月2日，福建校友分会2019年理事会在厦门东坪山召开。20余位理事从八闽大地齐聚厦门，续地大情、议地大事。

15：00，理事们重温地质时光，自由健步东坪山，美丽的山峰、清澈的水库、寓意深远的连心桥见证了地大校友纯洁的友谊。

▲ 福建校友分会20余位理事在厦门东坪山合影

16：00，会议在东山社2楼会议室举行。卢禄华会长为大会致开场词。他首先介绍了此次会议的主题。2018年的理事会由施修春副会长出资承办，会议的主题是“纯洁的情怀可以保持到永远”，重点强调如何保持校友会的纯洁性。2019年会议主题是“纯洁性”的发展，具体可以表述为：我们用纯情、温馨和感动浇灌了一亩田，该用它来种什么？

▲ 连心桥合影

卢会长作2018年度福建校友分会工作报告，与会人员充分讨论并表决通过了2019年理事会专项工作人员分工和年度重点工作计划。

回首2018年，福建校友分会播撒、培育并收获了许许多多的温暖、感动和成长，把大大小小的事件化作一颗颗明亮的珍珠镶嵌在时间这条宝贵的项链上。地大人用纯情、温馨和感动浇灌了一亩田，时间也会带给地大人好的答案，2019年，精彩依然继续。与会理事代表纷纷献计献策，针对2019年校友分会主要工作计划展开讨论，主要围绕理事会专业化发展方向、会长和秘书长的人选、具体的活动载体等方面展开。

会议确定了商业投资理财、科教、文体、健康旅游、宣传、经费等工作方向和牵头人；肯定了余新星秘书长的工作投入，增设了高星校友为常务秘书长，由林元泰和赵世一协助，决议增补周玉炳校友为副会长；讨论了2019年7月换届事宜，举荐会长人选；将10月大型迎新活动、特色夏令营、校友婚礼、老校友座谈、异地校友走访等品牌活动确定下来，并配备相应的负责人。

会议还传来了振奋人心的消息：2020年第十二届全国校友分会会长、秘书长联谊会将由福建校友分会承办。谈及本次大会，福建校友分会名誉会长、龙岩市中元大酒店董事长李忠荣校友表示将尽力回馈母校、服务校友，为福建校友分会留下好口碑。

会后，举行了“第一缕春光”晚宴。席间，由卢会长提议，与会校友逐一分享以“谢谢了，2018年的我”为题的心得体会。校友们通过回顾过去一年生活、工作中的彷徨、痛苦、感动和喜悦，深刻体会到朴实、勇气、亲情、健康以及自我成长的珍贵。

1月27日，福建校友分会举行“向退休校友致敬”茶话会，老校友们分享了地大校训在他们的工作和生活中产生的深刻影响。与会校友都表示受益匪浅。

（**撰稿** 粘婉清 余婷婷 **摄影** 王艳良）

原厦门足球俱乐部总经理卢光瑞看望福建校友足球队

2019年3月16日下午，原厦门足球俱乐部总经理卢光瑞(学校1969届校友)赴五缘湾运动馆看望学校福建校友足球队，并赠予“厦门蓝狮足球队冲超成功纪念邮票”为球队加油助威。

▲ 卢光瑞校友(一排右三)与福建校友足球队合影

卢光瑞曾带领厦门足球队经历了中甲夺冠和冲超成功，是厦门足球职业化历史上的标志性人物之一。退休后，卢光瑞主要从事龙岩市姓氏文化研究，并出版了相关刊物和纪念银币。

此行看望学校福建校友足球队，卢光瑞对球队给予了充分的关心和鼓励，并从热身运动、训练技巧等方面进行专业指导。卢光瑞谈到，集体运动是非常好的交流平台，希望更多的校友和家庭能够广泛参与到集体运动中。

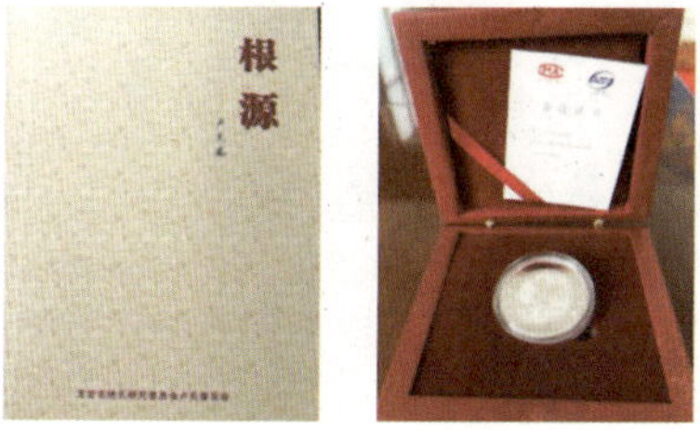

▲ 卢光瑞校友部分研究成果

▲ 卢光瑞校友场上指导

对此，福建校友分会会长卢禄华给予了肯定。他希望更多的校友关心和关注并参与到校友会羽毛球、足球、登山等品牌活动中。卢会长表示，分会的文体活动长期以来得到了众多校友企业家的持续关心和热心资助，相信在卢光瑞等前辈的专业指导和校友的广泛参与下，必将焕发生生不息的活力。

（**撰稿**　粘婉清　林元泰）

▲ 参观校友企业厦门三烨企业
余新星（左）、卢光瑞（中）、卢禄华（右）

学校召开2019届毕业生校友分会第一次筹备会

2019年5月9日，校2019届毕业生委员会第一次全体会议暨2019届毕业生校友分会第一次筹备会在大学生活动中心101室召开。校2019届毕业生委员会（简称“2019届毕委会”）全体委员，各学院本、研毕业生委员会负责人出席会议。会议由校2019届毕委会主席田家玮主持。

会议首先对毕业生桃李、桃源基金捐赠活动作了详细介绍，同时呼吁各毕委会负责人引导毕业生持续关注学校发展和建设，紧密校友与母校之间的联系。

▲ 会议现场

▲ 会议参加人员积极发言

会议讨论并表决通过了建立2019届毕业生校友分会及校友理事会的基本方案，旨在构建“理事会—理事—校友大使”三级校友工作机制，激励校友发扬“艰苦朴素、求真务实”的校训精神，搭建校友间、校友和母校间的沟通与交流平台，拓展校友事业、提升地大品牌、奉献校友爱心。

会议还讨论了毕业生晚会、毕业生跳蚤市场（含公益市场）和2019届毕委会第二次全体会议安排等事项。

（通讯员　牛浩坤）

川渝校友分会换届　200余名校友参会

2019年5月11日，中国地质大学川渝校友分会第十七届理事会换届会议在成都举行。中科院院士、校友会会长赵鹏大，校友会副会长丁振国、邢相勤，中国地质大学（北京）副校长王果胜，两校相关职能部门、学院教师代表，200余名川渝校友代表参加会议。

在激昂的大合唱《勘探队员之歌》的音乐声中，大会拉开序幕。

川渝校友分会副会长、新希望集团副总裁、2006届校友张明贵致欢迎词。

川渝校友分会会长邵家斌作工作报告。他深情回忆了川渝校友分会成长历程。他说，川渝校友分会始终发扬“艰苦朴素、求真务实”的校训精神，以服务为平台，以情感为纽带，以活动为载体，一路付出，一路收获，一路成长。

邢相勤宣读了中国地质大学校友会关于同意川渝校友分会换届的批复。

大会选举产生了新一届川渝校友分会理事会及负责人。邵家斌当选第十八届川渝校友分会理事会会长，张宏、补红兵、张明贵等7人当选副会长，彭渭当选秘

▲ 会议现场

书长。邵家斌表示，新一届川渝校友分会理事会将进一步完善工作机制、夯实组织基础、延伸服务网络，热情服务校友、团结校友、服务社会、回馈母校。

▲ 圆桌论坛

会议期间，川渝校友分会安排了院系分组圆桌论坛。各学院党委书记、副书记参加本院校友圆桌论坛，向校友介绍母院近年发展概况，了解学院校友发展现状。

川渝校友分会还邀请了广州天驰测绘技术有限公司董事长肖顺、中国地质调查局探矿工艺研究所吴和政、厦门三烨传动机械有限公司董事长卢禄华等8位校友作了主题发言。

丁振国对川渝校友分会和川渝校友一直以来对母校的关注与支持表示感谢。他希望，广大川渝校友在新一届校友理事会的带领下，关注母校发展、参与学校建设，共同绘制校友与学校事业发展的蓝图。

赵鹏大深情寄语广大校友：地大校友就像一团火种，撒在哪里，哪里就燃起熊熊大火，照亮天空和大地；地大校友就像一台发动机，放在哪里，哪里就隆隆运转，推动事业前进；地大校友就像一粒种子，种在哪里，就在哪里生根发芽，蓬勃发展，绿树成阴。过去在学校，你们以学校为荣，今天在社会上母校以你们为荣。

（**通讯员** 胡肖 丁苗苗）

师生对话校友　球赛见证情谊

2019年5月18日，“迪探·地大杯”第五届中国地质大学校友足球赛在学校西区操场拉开帷幕。借此契机，校各级领导头顶烈日，来到赛场边，表达了对校友的关心和问候。

校党委副书记王林清出席开幕式，代表校方对校友回家探亲表示欢迎，并与赛事的赞助商上海迪探节能科技有限公司董事长龙运雷校友共同开球。

▲ 开球仪式

绿茵场上，17支参赛队伍激烈角逐，你追我赶。副校长傅安洲、副校长赖旭龙前来看望校友，并与他们深入交谈。双方就赛事情况、校友分会人员安排以及校友企业发展现状等交换了意见。在观看比赛的过程中，校领导连声称赞赛场上校友运动员的风采。

▲ 副校长傅安洲(左二)、副校长赖旭龙(左一)看望校友

▲ 校医院党支部书记马彦周(右一)查看医疗点

▲ 校友交流

▲ 参赛球队风采

校友们密切关注着学校的学科发展，由赖校长领导测定的首例古代大熊猫全基因组被频频提及。面对校领导的关心，校友们表达了感谢之意。最后，校领导嘱咐赛事组委会做好服务保障工作

校医院党支部书记马彦周对赛事医疗服务工作高度重视，现场指导并查看了球员的受伤情况，慰问伤员。马彦周与赞助速效冰敷袋的校友企业进行了深入交流。

适逢校友足球赛之际，各学院领导也积极联络校友，询问校友们工作、生活近况，进一步探讨团结校友、助力学校发展建设的新思路。返校校友也与在校的学弟学妹们畅谈，勉励他们努力学习，为国家富强和学校发展建设打好坚实的基础。

已经走过5个年头的校友足球赛依然发挥着联络母校与校友情感的纽带作用，致力于引导校友关注母校发展，参与母校建设，为双方进一步合作提供了平台与机遇。

（**撰稿** 旷杰媛 张雨禧 **摄影** 赵奕康 地大校友 张雨禧）

以球相聚 为爱回家 | 第五届校友足球赛圆满举办

“老友重逢忆旧时，殷殷求学梦飞驰。”2019年5月18—19日，“迪探·地大杯”第五届中国地质大学校友足球赛在西区足球场举行。来自浙江、青海、广西、北京、湖北、上海、MBA、浙江、川渝、江苏、河南、珠海、贵州、海南、福建、陕西、广州的17支校友分会足球队参赛。

校党委副书记王林清、各地方校友会负责人、相关学院和职能领导出席了球赛开幕式。

校党委副书记王林清对校友们表示欢迎。他说，校友足球赛以赛为媒，加强交流，体现了各地校友助推母校“双一流”建设的使命和决心。他希望，校友运动员们秉承“艰苦朴素、求真务实”校训精神，赛出友谊，赛出成绩。

王林清与赞助商龙运雷校友共同开球，校友足球赛正式开始。

▲ 球员精彩瞬间

一天半的比赛，运动员们激烈角逐、毫不气馁，各队使用巧妙的战术，配合默契，实力水平不相上下。

最终深圳校友分会足球队获得冠军，广西校友分会足球队、上海校友分会足球队、福建校友分会足球队分列第二、第三、第四名。第五至八名是湖北校友会足球队、浙江校友分会足球队、贵州校友分会足球队和海南校友分会足球队。珠海、川渝、北京、MBA、河南、陕西、江苏、青海、广州代表队获“道德风尚奖”，深圳校友分会啦啦队获评“最佳啦啦队”。深圳队古鑫辉、上海队林刚分别获“最佳射手”“最佳守门员”称号，深圳队罗灵获“金球奖”。

领奖环节

▲ 经济管理学院党委书记杨昌锐为深圳校友分会足球队颁发冠军奖杯、奖牌

▲ 从左至右依次是

川渝校友分会会长邵家斌为广西校友分会足球队颁发亚军奖杯、奖牌

浙江校友分会会长丁晓冬为上海校友分会足球队颁发季军奖杯、奖牌

▲ 第五至第八名领奖现场

▲ "道德风尚奖"领奖现场

▲ “最佳啦啦队”颁奖现场

▲ “最佳射手奖”颁奖现场

▲ “最佳守门员”颁奖现场

▲ “金球奖”颁奖现场

闭幕式上，校友工作与教育基金管理处处长徐岩向甘元露、李金鑫两位校友赠送了母校纪念品。两位校友因校友足球赛结缘，比赛的第一天甘元露在母校球场上向李金鑫求婚成功。

▲ 徐岩（左一）向甘元露、李金鑫两位校友赠送纪念品

为参加本届校友足球赛，共有300余名校友返校，年龄从24到55岁不等。5年来，校友们都会在5月从天南海北回到地大。龙运雷校友表示，对母校、老师和同学们之间的深情厚谊是促使校友返回母校的重要原因。

校友足球赛已经成为了一次大规模集中的校友返校活动，赛事不仅展现了地大人之间的深厚情感以及精神风貌，同时将校友与母校紧密联系，在推动校友参与母校建设方面发挥了不可替代的作用。

活动期间，校史馆馆长帅斌向校友们介绍了中国地质大学校史馆建设工程启动的计划，并呼吁校友们捐赠校史资料。

（**撰稿** 旷杰媛 张雨禧 汪晨 **摄影** 赵奕康 苗青 张雨禧）

地大校友“资智回汉”持续发力

2019年6月1日，武汉百万校友“资智回汉”长三角专场活动在上海圆满举办，吸引一批“高精尖”人才“扎堆”来汉，武汉市强势对接上海国际性资源。

引进两院院士3人

自2017年以来，武汉市委市政府充分挖掘“武汉校友”独特资源，探索创新“大学+”发展新模式，创造性实施百万校友“资智回汉”工程，携手在汉高校，先后举办20多场百万校友“资智回汉”高校专场、区域专场、国际专场活动，引进国内外高层次人才百余人，签约项目总投资突破2万亿元。

▲ 武汉百万校友“资智回汉”长三角专场活动现场

校友经济只有起点，没有终点。百万校友“资智回汉”活动将持续发力，助力武汉全力打造世界级产业创新高地、国际性人才集聚高地、“新时代校友经济”发展高地、人才创新创业服务高地。

据悉，在本次专场活动中，签约招才引智项目达到19个，引进人才层次高。其中，两院院士3人、国家级人才工程入选专家3人、产业领军人才11人、国内高层次人才15人、海外高层次人才2人。

高新产业人才集聚度高。本次专场活动引进高新产业领域人才(项目)16个，占招才引智签约项目总数的84%。其中，智能制造领域6人，生命健康领域3人，新材料、环保领域各2人，新能源、大数据、工程设计领域各1人。

此外，智力项目形态多样、质量好也是本次专场的一个特色。据了解，专场引进智力项目6个，其中建立院士专家工作站3个、研发机构3个。

引进世界500强企业投资项目6个

据悉，本次专场组织签约23个亿元以上招商引资大项目，其中50亿元以上大项目5个，总金额666亿元，占比71%。签约引进世界500强公司投资项目6个，分别是德国安联保险集团、法国液化空气集团以及中国电力建设集团、绿地集团等。

本次招商有效对接了长三角地区特别是上海的国际性资源，提升武汉经济的外向度和发展动能。对接上海本地国企，签约国资类项目6个，总金额640亿元；对接上海一流国际性医疗健康资源，引进多个大健康产业项目；对接上海科技创新资源，引进新能源、新材料、集成电路等战略新兴产业项目6个；对接上海国际贸易资源，引进美国华平投资集团平台企业新宜中国等一批跨境电商项目和总部项目。

知名校友代表发言

武汉大学校友杜平：希望在资本市场发展上为武汉出力

“一转眼26年，作为从武汉大学毕业又在武汉工作过的校友、乡友，我对武汉的感情非常浓厚。”武汉大学上海校友会理事长，中国银河金融控股执行董事、总经理杜平在会议现场真情流露。他认为武汉下一步发展的维度很多，其中在资本市场发展上还有很大的潜力和空间，希望能够在这方面为家乡的发展做出贡献。

▲ 武汉大学校友杜平

华中科技大学校友马咏华：武汉正变得越来越精致

▲ 华中科技大学校友马咏华

马咏华是武汉人，华中科技大学上海校友会前任会长，上海申迪集团党委副书记。他兴奋地说：“武汉拥有众多优秀高校是城市的一大优势。最近，华为多位高管出自华中科技大学的报道被刷屏，让许多华科大人感到很振奋。近些年来，我国科技成果数量爆发式增长，实际上跟我们原来的积淀有很大的关系。”

马咏华认为：“武汉这座城市正变得越来越精致。留下百万大学生将改变这个城市的人口结构和人才结构，有利于城市的长远发展。”

▲ 华中师范大学校友陈谋亮

华中师范大学校友陈谋亮：发挥优势，为武汉企业发展提供金融服务

“武汉发展的巨大成就，令我们振奋！武汉不仅是投资热土，也是投资者的福地，我们在武汉投资了6亿多元，收获非常大。”华中师范大学上海校友分会会长、上海湖北商会常务副会长、金融分会会长、长信基金董事陈谋亮密切关注着武汉每天的发展。

陈谋亮表示，将发挥上海金融中心的信息优势和资源优势，为武汉企业发展提供更优的金融服务，助推产业升级，2019年将组织校友企业、商会企业和金融协会代表回武汉考察投资。

中国地质大学校友龙运雷：今年已在武汉建立运营分中心

▲ 中国地质大学校友龙运雷

“武汉作为一个充满活力的魅力之城、创新之都，同时作为我难以割舍的第二故乡，必将是实现公司跨越发展梦想的最佳选择，我们亦需要武汉的鼎力支持。”中国地质大学校友、上海迪探节能科技有限公司董事长龙

运雷介绍，2019年公司在武汉建立了运营分中心，未来3~5年，迪探产业在板块布局中将重点发力科技信息、智能家居、智能装备等板块，实现跨越式发展。

重要嘉宾访谈

中院士陈云敏：破解特殊岩土工程难题

▲ 中科院院士陈云敏

在现场签约项目中，中科院院士陈云敏与中国市政工程中南设计研究总院有限公司的签约项目备受关注 。

陈云敏现任浙江大学工学部主任、国家重点学科岩土工程研究所所长，拟在中国市政工程中南设计研究总院有限公司建立院士专家工作站。

他在接受《长江日报》记者采访时表示，武汉市作为长江经济带城市以及全国同等规模城市中最有活力的城市之一，拥有丰富的教育资源优势和数量众多的大学生，武汉市委市政府十分重视科技和人才对经济的支撑作用，在争取国家重大基础研究项目等方面具有强大的竞争力。中国市政工程中南设计研究总院有限公司是全国市政工程设计院中很有影响力的设计院，这次与中国市政工程中南设计研究总院有限公司合作，可以把自己的一些研究成果应用到双方的合作项目中，这是一个对双方都有利的合作。

此次进驻中国市政工程中南设计研究总院有限公司建立院士专家工作站，双方将重点围绕市政岩土工程方面开展技术研发，破解特殊岩土工程难题，提高软弱土地基上重大市政工程服役安全性和防灾减灾水平。同时，双方将积极组建科技研发团队，定期开展技术学术交流，提高人才队伍专业化水平和综合素质。

中国市政工程中南设计研究总院有限公司副院长、总工程师李国洪表示，双方将联合开展大型输水盾构隧道抗沉降课题研究。该研究项目属于行业前沿课题，将有效提升我国在这一领域的设计、施工水平。

AIII人工智能产业研究院院长朱兆颖：人才高地和产业聚集将助推武汉人工智能产业创新发展

“武汉近些年招才引智成果显著，经济发展迅猛，对科技发展十分重视，加上武汉有人才高地优势和产业聚集优势，这些优势都可以成为人工智能创新发展的优势。"AIII人工智能产业研究院院长、国家人工智能标准总体组专家成员朱兆颖对武汉人工智能产业发展前景十分看好，人工智能和大数据对过往产业模式进行重构，推动数字化、网络化、智能化融合发展，将为武汉发展培育新动能。

▲ AIII人工智能产业研究院院长朱兆颖

朱兆颖介绍，上海在人工智能产业发展上积累了较多的研究成果和成功的发展模式，聚集了国际化的人工智能研发资源。武汉加强与上海的交流合作，有利于武汉人工智能产业的快速发展。

AIII人工智能产业研究院签约落地武汉蔡甸区，目标是打造武汉人工智能产业创新发展研究中心，更好地将研究院在人工智能行业内的专家资源、项目资源及实践成果等，嫁接应用到武汉，为武汉传统产业升级和人工智能人才培养贡献力量，助力武汉建设人工智能示范园区，形成智能产业聚集效应，推动武汉人工智能产业突破性发展。

（**地大之声 记者** 蔡木子 陈卫东）

继往开来：227名毕业生受聘为2019届校友大使

2019年6月13日下午，2019届校友大使聘任暨2019届毕业生校友分会成立大会在学校东区迎宾楼报告厅召开。校党委副书记王林清、各学院及相关单位负责人、200余名毕业生及校友参加会议。校友处校友服务与基金管理中心丁苗苗主持会议。

▲ 会议开始

校友大使聘任仪式在校友分会会长、秘书长微视频中拉开序幕。校友工作与教育基金管理处副处长胡肖详细介绍了校友会工作"家底"，并借地质资源高峰论坛、校友足球赛等事例讲解了母校助力校友发展、校友反哺母校的校友工作体系、同心圆校友工作理念及未来规划。

2018届校友大使代表王剑涛发言。他表示2018届校友理事会成立以来，成员们一直积极配合校友处和校友分会工作，丰富校友活动、增进校友联系、加强校友归属感，为校友提供资源交流的机会做出了贡献。

学生工作处处长邬海峰宣读了《中国地质大学（武汉）校友工作与教育基金管理处关于聘任2019届校友大使的决定》。校团委副书记朱荆萨、就业创业处副处长陈慧为227名毕业生颁发了校友大使聘书

资源学院硕士毕业生王佳宁作为2019届校友大使代表发言。她表示校友大使是校友与母校、校友与校友间的联络员、宣传员、通讯员、召集员，是地大人毕业后精神的依靠与念想。无论身在何处，都要将地大人紧密联系，秉承校训精神，带着情感去做校友联络工作，提供优质的校友交流服务平台。

2019届地质学专业毕业生崔雅文代表2019届毕业生校友分会筹备组汇报筹备情

▲ 丁苗苗主持

▲ 校友处副处长胡肖作校友会介绍

▲ 王剑涛发言

▲ 学生工作处处长邬海峰发言

▲ 资源学院硕士毕业生王佳宁发言

▲ 颁发聘书

▲ 授旗

况，胡肖宣读了校友会批复，57名毕业生被聘为2019届校友会理事。学生工作处处长邬海峰，澳大利亚、新西兰校友分会会长、外国语学院党委书记张基得为校友理事颁发聘书。校党委副书记王林清向2019届毕业生校友分会授旗。

2019届毕业生校友分会本科生理事会会长向昊介绍，校友分会的工作将在优化组织体系、加强横向联系；连接各地分会、促进纵向交流；整合母校资源、服务广大校友3个方面深入展开，以此实现个人成长与母校发展的双赢。

2011届地下水科学与工程专业毕业生、湖北校友分会秘书长、武汉中地水石环保科技有限公司董事长彭浩回忆起公司创立期间通过校友会与各地校友获得了联系和支持，带来了勇气和希望。校友会作为一个开放的平台，是每个校友分享成功与喜悦、传递友情和价值的精神家园，希望各位校友积极参加校友会的活动，共同为母校的发展出谋划策。

校党委副书记王林清讲话。他希望毕业生校友分会的成立和发展，致力于搭建母校与校友联络的信息平台，打造校友间情感互通的活

▲ 2019届毕业生校友分会本科生理事会会长向昊发言

▲ 校友彭浩发言

▲ 校党委副书记王林清讲话

动平台，构建母校和校友共同发展的工作平台，更好地为全体毕业生校友、为母校建设发展服务。期待各位校友大使将沟通、联络、服务校友作为自己的一份事业，并鼓励校友大使们在认真履行职责的同时，不断实现自我发展，成为校友表率，成为地大骄傲。

（**撰稿** 旷杰媛 张雨禧）

湖北校友会历届受资助地大秭归籍学生座谈会顺利召开

2019年6月22日下午，中国地质大学湖北校友会历届受资助秭归籍学生座谈会在学校东区迎宾楼召开。校友工作与教育基金管理处副处长胡肖，湖北校友会副会长严炜、贺健、王勇刚，湖北校友会副秘书长刘国民及7名秭归籍学生参加座谈会。王勇刚主持本次会议。

湖北校友会3年来资助湖北秭归籍地大学生共计11名，并为每名学生配备了1名校友作为指导老师，支持和指导学生顺利度过大学4年生活。参会的秭归籍学生分别介绍了自己入校以来的学习、生活情况，并就今后学习、生活、深造、就业等方面的规划和困惑与各位校友进行交流。

工程学院2016级本科生兰江远首先发言。他汇报了自己的学习经历和感受，表达了对学弟学妹们的希望，同时对自己也提出了更高的要求，希望在今后的学习中努力提高专业水平，创造机会提升个人综合素质；自动化学院2018级本科生赵婧提出了自己关于考研及就业方面的困惑，其他参会同学也针对自己的个人情况进行了交流。

参会的湖北校友也结合自己的经历，对师弟师妹们的困惑进行指导。湖北校友会副会长严炜鼓励同学们打好基础，脚踏实地，努力提高自身专业水平和外语水平，多读书，读好

▲ 参会人员合影

书，提高阅读及写作能力；湖北校友会副会长贺健希望学生们能够内心强大，思想开放，提高自身能力，做有自信、有能力、有理想的地大人。

校友处副处长胡肖代表校友总会发言。她感谢湖北校友会对湖北秭归籍学生的支持和帮助，鼓励受湖北校友会支持和指导的学生们能够在大学校园里努力学习和成长，将湖北校友会这一品牌活动继续传承和发扬下去，希望通过这一活动惠及更多的湖北籍地大学生。

本次座谈会圆满结束。

（**撰稿** 于小清 **摄影** 于小清）

地大香港校友联谊会夏季活动侧记

2019年6月23日午间，荃湾南丰中心的丰盛酒楼浙江厅，三席相围，满堂皓首，充满了欢声笑语。中国地质大学香港校友联谊会在一曲激情的《勘探队员之歌》大合唱中开始。

茶叙活动专门为年届八秩的老校友们深情祝寿！同时，在活动中也开展了4年一次的校友联谊会常委民主改选。

这里，并没有繁花华贵的所谓仪式感，却静水流深地体现了人间最最宝贵的真情。祖国情，香港情，行业情，校友情，绵绵切切。

30多位校友出席活动，有八成以上都是七八十岁的长者。

今天的活动中，长辈们畅叙往事，互道珍重，彼此讲述着曲折精彩的人生，共同感怀着太平安宁的珍贵。深情祈盼健康长寿吉祥！共同期望行业持续发展！衷心祝愿香港稳定繁荣！

交流中，校友们纷纷表示对香港更加美好的明天充满信心。大家满怀“爱祖国爱香港，爱母校爱校友”的深情厚意。

▲ 参会人员合影

校友们通过投票选举等程序对联谊会进行换届改选。德高望重的陈道德会长、卢顺弟老师、谢民卫先生、李国隆先生、郭家余先生继续当选，将共同负责新一届的工作。校友们欣喜表示，将更加珍惜联谊会，共同支持联谊会。

大家还分别悼念缅怀了刚刚仙逝的福寿校友，并安排校友们到养老院或家中，慰问了在港行动不便的长者校友。

“是那山谷的风吹动了我们的红旗……”，中国地质大学“艰苦朴素、求真务实”的优良传统和作风，势将弘扬传承！

地大人的香港故事，香港版的地大人生，当会越发精彩！

（通讯员　吕国平）

金振民院士到邕　与校友亲切座谈

人生起步南望山，一生难忘地大情。

不忘初心齐奋进，继往开来再辉煌。

——2019年6月27日，金振民院士在南宁接见广西校友时的题词

应广西省自然资源厅的邀请，2019年6月25—27日，金振民院士一行4人在广西省自然资源厅、南宁市自然资源局作“地球系统科学和绿色矿山”学术报告。

27日上午，广西校友分会组织的“不忘初心、牢记使命”主题座谈会在南宁红林大酒店举行。中科院院士、学校地球科学学院教授金振民，地球科学学院教授

▲ 金振民院士座谈现场

▲ “不忘初心、牢记使命”主题座谈会现场

金淑燕，研究生院常务副院长张宏飞，研究生院综合办公室主任林小艳及20多名广西校友出席座谈会。

广西校友分会陈海、李细光、许贵林主持本次座谈会。

金院士亲切寄语广西校友：一是不忘初心，坚守事业，加强知识学习，服务社会；二是学会承受挫折与失败，迎难而上，永不言弃；三是坚信母校是校友们强有力的后盾，母校的怀抱永远向校友们敞开；四是最大化挖掘校友资源优势，利用校友平台，互帮互助，团结校友力量。他希望校友们能够勇于攀登、奋发向上，传承“艰苦朴素、求真务实”的校训精神，创造成绩，为母校70周年大庆献礼。

▲ 参会人员合影留念

校友们深受鼓舞，纷纷表示要坚守初心、敢于担当，为母校争光，做光荣的地大人，“共圆复兴梦想，建设壮美广西”，喜迎新中国成立70周年。

（**撰稿** 旷杰媛 陈海 **摄影** 广西校友分会）

北京校友分会慰问周口店实习师生

2019年8月4日下午，北京校友分会副会长周建珣率队慰问周口店实习师生。

校党委副书记王林清代表学校对20余位校友的到来表示欢迎，对一直关心支持学校发展的校友们表示感谢。

周建珣副会长故地重游，回顾起周口店实习经历。他表示北京校友分会将持续支持学校各项事业发展。

随后，“与张弥曼院士相约”主题座谈会在实习站2号教室举行。中科院院士、学校1953级校友张弥曼，校党委书记黄晓玫，副校长赖旭龙，校党委副书记王林清，学校相关部门负责人，在京校友及

▲ 学校领导与北京校友分会负责人一起向站内实习师生发放慰问水果

▲ “与张弥曼院士相约”主题座谈会

周口店实习师生参加了本次座谈会。

赖旭龙代表学校致欢迎词，简要介绍了学校历史、学科建设与人才培养等情况。周口店实习队队长王国庆介绍了周口店实习站的历史与建设情况，希望校友针对实习站建设多提意见。

张弥曼作主题发言。她简要介绍了投身地质行业几十年来的工作和生活，希望同学们可以遵循兴趣、踏踏实实做学问，享受科研并将学习和研究做到极致。

校党委书记黄晓玫作总结发言。她倡导大家学习张弥曼校友无我、淡泊、豁达的优秀品格，并明确了周口店人才培养的定位和重要作用。

周口店实习站，铺就了一代代地大人将理论知识化作实践的成才之路，成就了校友感恩回馈母校、母校热心接待校友的双向互动。

慰问期间，北京校友与在站学生进行了一场篮球友谊赛。

（**撰稿** 徐一夫 旷杰媛 张雨禧 **摄影** 胡肖 魏海勇 朱博闻）

▲ 大合影

▲ 篮球友谊赛

爱心助学成就梦想　校友情谊点燃希望

——湖北校友会2019迎接及资助秭归籍新生活动

2019年8月10日，夏日炎炎，酷暑难耐，但依然阻挡不了中国地质大学（武汉）湖北校友会一行人爱心助学的步伐。

凌晨5:30，湖北校友会的部分成员搭乘动车出发，前往秭归为5名新生送去阳光和希望。

上午10:30，活动仪式在中国地质大学（武汉）秭归产学研基地专家楼二楼大会议室进行。据悉，这是湖北校友会第四次举办“秭归籍新生资助活动”，目前已经累计资助了18名秭归籍贫困新生。

▲ 秭归籍新生资助活动现场

湖北校友会副会长王勇钢主持会议，介绍了参加活动的有关来宾及活动的基本情况。此后，秭归一中代表教师颜昕讲话，她表达了对地大湖北校友会多年来支持秭归籍新生的感谢以及对获资助新生未来发展的期待。

▲ 秭归一中代表教师颜昕讲话

资助仪式上，湖北校友会将募集的爱心助学款转交给5名新生。往届受资助学生、受资助新生代表相继发言。湖北校友会参会理事分享了自己在大学和工作中的成长体会、经验教训。根据专业以及工作性质，多位理事与受资助的新生结成对子，实现共同成长。最后大家合影留念，并在学校实习基地食堂简单聚餐。

▲ 新生上台接受校友助学款

有校友的地方，路更加畅通、平坦。

一路风景更美！

（**撰稿** 郭佳丽）

▲ 活动合影

地大浙江校友分会2019年度迎新联谊会圆满落幕

2019年8月盛夏，炎炎烈日下，杭州山水宾馆的山水厅门口签到台上放着一摞《地大人》，在桌后站着两三个皮肤黝黑、精气神十足的工作人员，他们身上散发着“地质人”特有的精气神和亲切感。此刻他们所站立的地方正是中国地矿部五大地质疗养院之一——山水宾馆，应时应景，这里即将迎来一批“地大人”。

2019年8月24日下午3:00，中国地质大学浙江校友分会2019年度迎新联谊会在杭州山水宾馆举行，中国地质大学（武汉）校友工作与教育基金管理处副处长吕占峰，中国地质大学浙江校友分会会长丁晓冬，副会长厉子龙、尉亚飞、刘颖，理事俞云葵，秘书长马明，副秘书长冯德华、李俊出席本次迎新会，在浙的2019届地大毕业生和2019级地大新生参与本次迎新会。

▲ 迎新会现场

本次迎新会主持人由中国地质大学（武汉）经济管理学院2010级校友蔡敏莉担任。

中国地质大学浙江校友分会会长丁晓冬首先致辞。丁会长代表浙江校友分会对2019届来浙江就业及深造的地大毕业生表示热烈欢迎，对2019级即将入学的浙江籍地大学子表示祝贺，并介绍了浙江校友分会成立及换届的基本情况，校友会举办的一些精彩活动。浙江校友分会旨为在浙江的地大校友提供交流的平台。他希望校友们秉承“艰苦朴素、求真务实”的校训精神，在各行各业建功立业的同时，多交流，多参与活动，共同把浙江校友分会建造成美好的家园。

▲ 校友分会会长丁晓冬致辞

▲ 中国地质大学校友会吕占峰老师致辞

浙江校友分会的发展永远都离不开中国地质大学校友会的指导和支持。紧接着，中国地质大学校友会吕占峰老师致辞。特地由武汉赶赴浙江参加此次迎新会的吕老师开篇代表校友会对浙江校友分会及此次活动表示肯定。他对即将入学的浙江籍地大新生介绍了学校的人才培养体系和教学体系。“严在地大”，他希望即将入学的大一新生们能好好珍惜大学时光，努力学习，找到自己的人生方向，不辜负最美的求学时光。最后，吕老师祝浙江校友分会带着地大人“艰苦朴素、求真务实”的精神，延续拧丝成绳的优良传统，越办越好。

接下来是老校友代表厉子龙教授发言。厉学长身兼多职，中国地质大学（武汉）1987届校友，浙江校友分会副会长，浙江大学海洋学院教授、博导。厉学长结合自己“间断”持续的多年学习生涯和丰富的教学工作经验，给2019届毕业和2019级即将入学的学弟学妹们分享了对大学/研究生/工作中应该注意些什么等问题的认识。前辈的求学之路并非“一气呵成”，经历过离校入社会的间断，期间面临过很多次人生目标的再选择，兜转几载，最终回到初始专业领域从事研究工作。一路上，职业变过，工作地点变过，工作内容变过，没有变过的是奔跑的节奏和始终追求自我提升的初心。厉学长以自己目前从事的专业领域内容作形象比喻，用地球亿万年的变迁来比拟一个人的变化：地球的内力推动着板块的运动，造就了不同时期的地球全貌；我们的不断学习输入也将带来一次次的个人提升，惊喜突破。厉学长对深造读博/研的同学说：“要主动追求与深耕，因为实践出真知。”对入职企业的同学说：“去建立‘护城河’，形成自己的核心竞争力，锻炼沟通与表达能力，更要注重身体健康。”对从事基层工作的公务员说：“养成四‘心’，‘为社会服务’之心，‘谦虚好学’之心，‘愿意吃亏’之心和‘低调’之心。”对步入大一的新生说：“用4年让自己更有文化，更有智慧，学好如何听课、读书、写论文；学会与人相处，珍惜将影响整个人生的这4年。”

▲ 老校友代表厉子龙教授发言

目前就职于浙江有色地质环境研究院的2019届毕业生刘煜带着对母校的留恋和对未来的憧憬走向话筒前。刘煜满怀斗志，说出所有在浙江工作的地大学子的心声：“相聚‘浙’里，我们将以诸位杰出校友为榜样，继续传承地大人的责任和使命，艰苦朴素，求真务实，用地大之锤凿出大地之光，书写各自人生新的辉煌。”

▲ 2019届毕业生刘煜发言

在浙江读研的2018届毕业生徐欣韵分享了本科到研究生阶段要注意的“五宝”。一宝是尽快切换状态，适应新的生活，牢记“活在当下”，因为适应能力也是衡量一个人能力的标准。二宝是归零，即心态归零，避免由毕业季的“放飞自我”和进入高平台的“焦虑不安”引起的心态不稳，心态难调之时可以采用治愈法宝：看书兼独处——书中自有黄金屋，“寂寞”方知吾心故。三宝是学会选择，做好人生规划。在完成课题组及导师的事务之余，有针对性地为毕业

▲ 在浙江读研毕业生代表徐欣韵发言

后选择去处奠定一定的技能基础，结合好的平台去锻炼自己。四宝是独立思考，敢于“做主”。不管以后的毕业走向如何，自己要明确目标。五宝是珍惜，既珍惜“工作前为数不多放松娱乐日子”又珍惜“工作后难有集中学习时光”的研究生阶段。最后徐欣韵借一句“时光往复，可来日并不方长”与每位步入人生新阶段的小伙伴共勉。

在嘉宾和学长学姐的分享过后，主持人蔡敏莉组织大家开展“我对地大知多少”的有奖竞答活动，让地大校友对母校的了解又进一步加深，也让即将入学的新生对学校的期待更加迫切。

在迎新会的最后，足球、篮球、羽毛球和户外活动俱乐部负责人依次上台介绍各俱乐部概况并进行宣传。

结束了下午的会议，大家移步到餐厅，更近距离地沟通交流。丁晓冬会长、吕占峰老师、厉子龙教授等地大老校友们与年轻的校友们举杯欢庆，祝福校友们前程似锦，学业有成！

酒席间大家也忙着互加微信。尽管相聚的时光短暂，但通过本次联谊会，相信以后大家的联系会越来越多，越来越紧密。

来浙江怎么能少了浙江的乡音，猜方言的游戏助力2位2019级新生赢取了本次抽奖环节的一等奖和二等奖，看来积极参与活动的人运气也总是不错的！

酒到深处情更浓，一首《勘探队员之歌》让人情不自禁热泪盈眶。

这是地大人的默契，这份默契早早溶入山头烈日下的汗水里和“艰苦朴素、求

▲ 大合影

真务实”的情怀中。远航的地大学子一回头，就能看到名叫“地大人”的港湾在那里守候，无风无雨，驱寒取暖；地大人尽管无畏地去飞翔，校友会就是那个托底的“人”。年复一年，几多回首，再见貌已变，然情深不减。明年的我们、后年的我们、多年后的我们再相见的时候，这份归属和认同感将永远不变。

（图文由浙江校友分会提供）

要玩就玩硬核的！中国地质大学成立广西校友击剑队

为加强校友之间的紧密联系，便于校友击剑爱好者之间的交流切磋，满足校友对新生活品质和质量的新期待，2019年8月31日，中国地质大学广西校友击剑队在广西南宁正式成立。这是中国地质大学校友会成立的第一支业余击剑队，为校友活动开辟了新的天地。

通过与武汉大学广西校友分会商议，确定活动专属场地、人员及教练，积极宣传，组建队伍，广西校友击剑队以迅猛之势从半个月前的一个“概念”成长为“果实”，这得益于发起人方芳校友的辛苦筹建，以及中国地质大学广西校友分会会长陈海的鼎力支持。

上午，地大校友击剑爱好者携手武汉大学校友击剑爱好者欢聚一堂，举行了简约而隆重的中国地质大学广西校友击剑队的建队仪式。

成立仪式上，专业教练对地大校友击剑队员的技战术基础进行了摸底。在此基础上，专业教练进行了有针对性的攻防演练。

▲ 地大广西校友击剑队合影

随后校友队击剑手进行比赛及训练，并得到专业教练的耐心指导。

活动间隙，校友们谈笑风生，在活动现场通过沙龙的形式进行了轻松、愉快的交流，增强了感情。

地大广西校友及其家属共30多人参加了本次成立仪式，此次活动得到了三一国际击剑俱乐部的大力支持。

（图文由中国地质大学广西校友分会提供）

地大人五湖四海"喜迎新"

又是一年开学季，入校的2019级新生成为一脉"新鲜的血液"，离校的2019届毕业生成为一群"初生的牛犊"。在中国地质大学各地校友的眼中，他们都是母校的亲人、需要呵护的新生。

助学迎新、座谈迎新、车站迎新……暑假期间，为迎接2019级新生和2019届毕业生，中国地质大学校友会悉心整理、筛选和分类新生名单，各地校友分会精心策划和安排迎新活动，让毕业生离校之后，新生在入学之前，感受到浓厚的地大情怀。

据了解，各地校友会通过多种形式，共迎新1万余人次。

关爱行动，校友情谊点燃希望

"相聚于地大便是缘分，校友会的帮助与支持，是我们的求学路上的莫大鼓励。"受中国地质大学湖北校友会资助的秭归籍2018级新生赵婧在今年的迎新活动中深情表露。

据悉，湖北校友会"秭归籍新生资助活动"已经连续举办4年，累计资助18名秭归籍贫困新生。

资助仪式上，湖北校友会将募集的爱心助学款转交给5名新生，同时根据新生的报考专业，多位湖北校友会理事与受资助的新生结成对子，帮助新生们更好地适应大学生活，走好今后的人生之路。

"地大人的浓浓情意让我感动，相信学生们在地大一定会茁壮成长为一名对社会有用的人才。"秭归县一中教师颜昕表达了对湖北校友会的感谢，以及对获资助学生未来发展的期待。

▲ 学校迎新现场

▲ 发放爱心水

“333m 地大隧道，贯穿求知的过往；阳光普照四重门，见证中国高校双一流建设的进程；古老的化石林，树立行业榜样的力量。我们都是‘地大人’，都是这片土地的追求者与见证者。”湖北校友会副会长熊友辉说到，湖北校友会希望凭借地域优势，紧密联系学校，以秭归为服务基点，关爱和服务更多新生。

此外，湖北校友会还持续开展了结对帮扶活动，根据校友分会理事的专业及工作方向，在每年考取中国地质大学的湖北籍新生中精心筛选，将理事与新生一对一结对子，对新生在生活、学业上进行帮扶，实现共同成长。

苏州校友分会建立了2019届毕业生校友通讯录，在暑期通过邮件和电话方式与每一位赴苏州工作的2019届毕业生校友一对一联系，询问工作情况，关心校友，帮助校友熟悉新环境，尽快适应新生活。苏州校友分会计划针对毕业生具体情况在后期也会开展一系列的“迎新”活动。

9月1日早晨6:00，中国地质大学校友工作与教育基金管理处的老师们和志愿者登上了开往汉口火车站的大巴，他们在汉口火车站设迎新点，引导2019级新生和家长休息等待，由学校迎新大巴统一接到学校。

在校园内的迎新点，校友会设置了休息点和茶水供应区，让大家在武汉的盛夏喝到校友会专属定制的充满爱心能量的矿泉水。爱校志愿者们还细心为新生介绍中国地质大学校友会、中国地质大学教育发展基金会的概况和工作职能，让2019级新生在入学之初就感受校友文化，了解学校奖学金及助学金的设立与相关资讯，同时关注学校的发展建设。据悉，迎新期间共发放爱心水近3 000瓶。

浙江校友分会迎新活动

2019年8月24日，浙江省杭州山水宾馆门口的签到台上，放着一厚摞《地大人》，浙江校友分会2019年度迎新联谊会正在进行，既带领毕业生回望校园那“熟悉的气息”和“亲切的配方”，也为即将入学的新生带去“最美好的期待”。

▲ 浙江校友分会迎新活动

厉子龙教授演讲

“地球的内力推动着板块的运动，造就了不同时期的地球全貌，我们的不断学习与输入也将带来一次次的个人提升，惊喜突破。”1987届校友、浙江大学海洋学院厉子龙教授作为资深“兄长”寄语学弟学妹，要主动追求与深耕，养成“为社会服务”之心、“谦虚好学”之心、“愿意吃亏”之心和“低调”之心。

“相聚这里，我们将以诸位杰出校友为榜样，传承地大人的责任和使命，艰苦朴素，求真务实，用地大之锤凿出大地之光，书写人生新的辉煌。”2019届毕业生刘煜带着对母校的留恋和对未来的憧憬，说出了所有来浙工作地大学子的心声。

▲ 厉子龙教授演讲

浙江校友分会会长丁晓冬希望校友们秉承“艰苦朴素、求真务实”的校训，在各行各业建功立业的同时，多交流、多参与活动，共同把浙江校友分会建造成美好的家园。

川渝校友分会迎新活动

2019年8月24日，川渝校友分会开展了“我毕业，你入学”对话活动，川渝2019届毕业生和即将入校的2019届新

▲ 川渝校友分会迎新活动

生参加了本次活动。在川渝校友分会会长邵家斌的鼓励下，大家在对话会中畅所欲言，聊困惑、解迷茫、谈人生。2019届毕业生王佳宁为即将入校新生带来了“新鲜出炉”的地大攻略。王佳宁校友放弃了进入中国地震局的工作机会，选择成为四川地区的一名基层选调生，她说：“关键时刻的抉择，改变人生方向；轨迹路径的坚守，彰显人生品格。我们只有一次青春，有梦想、有担当、有作为的青春最美丽。”据悉，在川渝校友分会中还有6位和王佳宁同学一样奔赴祖国西部、基层一线和重点领域奉献青春的地大校友。

深圳校友分会迎新活动

2019年8月4日，在深圳市福田体育公园，深圳校友分会“载歌载舞”“摆摊设点”，用一场别开生面的联谊会迎接2019届毕业新生的到来。深圳校友分会的近30个群组和俱乐部也蓄势待发做足了迎新准备，为赴深圳工作的毕业生校友熟悉当地环境、丰富业余生活提供服务。

▲ 深圳校友分会迎新活动

据悉，在2019年9月到10月期间，中国地质大学福建、北京、上海、辽宁、广东、广西等各地方校友分会将结合迎新和迎国庆两个主题，针对2019届毕业生开展一系列活动。

（**撰稿** 旷杰媛 胡肖 **摄影** 徐小清 旷杰媛）

《大地之光》广州巡演首演——地大校友专场圆满结束

2012年学校以李四光先生为原型创作的话剧《大地之光》与清华大学、北京大学、上海交通大学、浙江大学、中国科学技术大学一同入围由中国科学技术协会、教育部、团中央、中科院、中国工程院联合组织实施的“共和国的脊梁——科学大师名校宣传工程”。

▲ 校友与主创人员合影

▲ 校友有序入场

▲ 大合影

目前，话剧已在全国巡演7年，演出40余场。9月21日晚7:00，《大地之光》广州巡演首演——地大校友专场在中山大学梁銶琚堂拉开了序幕，共450余名校友观看了本次演出。

据了解，《大地之光》广州巡演将持续至9月23日。

（地大之声　通讯员　于小清）

福建校友分会圆满举办2019年中秋迎新活动

2019年9月21日，中国地质大学福建校友分会“一声地大·迎新聚福”2019年中秋迎新活动在厦门隆重举行。2019届入闽深造、工作的应届毕业生及教师、校友等百余名地大人欢聚一堂，共叙同窗情谊，重温母校之爱。会议由2008级法学专业校友黄灵慧主持。

福建校友分会会长、厦门三烨传动机械有限公司董事长卢禄华为大会致开场词。他首先代表福建校友分会欢迎2019届毕业生来到福建学习、工作，感谢活动组织者及捐赠者的无私付出。在谈到本次活动的初衷时，卢会长说：“每个人心中都有一个让人怦然心动的名字，若有一个声音在呼唤中国地质大学，你我都会怦

▲ 参会人员大合影

然心动，继而心照不宣地停下脚步、找回初心，因为地大是我们共同的精神家园，有着我们永远的青春和梦想。”

福建校友分会名誉会长、龙岩中元大酒店董事长李忠荣发言。李会长系学校1978级应用化学专业的校友。他说自己年轻时经历过上山下乡、当过工人，在恢复高考后有幸进入地大学习，如今回报母校是应该的。李会长曾捐赠300万元用于母校北大门的建设以及东、西大门的修缮，且时刻关心学校的发展建设。母校校史馆的筹建工作正在进行，他呼吁广大校友积极参与到母校校史馆的认捐和筹建中，为母校留下又一个划时代意义的标志性建筑。李会长真诚、质朴的品格，热爱母校、回馈母校的精神和行动感染了在场的所有人，会场响起一阵又一阵热烈的掌声。这一刻，大家都由衷地感受到了作为一名地大校友，尤其是地大福建校友深深的自豪感。

机械与电子信息学院（简称“机电学院”）党委书记瞿祥华致辞。瞿书记说：“我们因缘分相聚于此，这种缘分不仅是先天铸就的，更是后天在地大锤炼的，是一种深沉的母校情。吹不散的是往事，打不湿的是记忆，校友往事历历在目，依旧那么清晰。虽然今天的校友聚会是短暂的，但地大情是长存的。相信通过这次聚会能让地大人之间的感情更加浓烈、更加长久。”

▲ 卢禄华致辞

▲ 李忠荣发言

▲ 瞿祥华致辞

机电学院原副院长、厦门三烨机械工业研究院院长江进国教授发言。江院长围绕“一声地大·迎新聚福”的主题畅谈了自己的感受和经历，热情地欢迎新鲜血液加入到福建校友分会的大家庭。

▲ 江进国教授发言

本次活动也得到了兄弟校友会的关怀和支持，浙江校友分会会长丁晓冬、MBA校友分会会长汪学铁、江西校友分会秘书长韩德村分别致辞，他们共同表示在校友总会的指导下，各地校友分会通过地大杯校友足球赛、各地校友会品牌活动等平台加强了交流与联系，升华了地大人对母校、对彼此的感情，团结和凝聚了更多地大校友。

▲ 浙江校友分会会长丁晓冬发言

▲ MBA校友分会会长汪学铁发言

▲ 江西校友分会秘书长韩德致辞

20世纪60年代毕业生代表卢光瑞校友介绍了现场的5位1960级的老校友，虽然新老校友们入校时间不同、专业不同、人生境遇不同，但只因我们是地大人，便能欢聚一堂、畅所欲言。卢光瑞老师曾任厦门足球俱乐部总经理，作为一名文学爱好者，卢老师在退休后笔耕不辍，出版了10余本书，累计136万字。为了此次活动，卢老师特意赋诗一首。

地质回响曲

北京地质学院毕业五十年，半个世纪的风云变幻，日月轮回。不管是风和日丽，还是雷雨交加，不管是快马扬鞭，还是停滞不前，都是一路风雨一路歌。

如今，岁月的风霜，已染白了我们的双鬓，但是夕阳依然灿烂妩媚，现在还保留一份童真、一份痴情，渴望穿越时光隧道，去追忆峥嵘岁月。

怎能忘记：何长工、李四光、刘坚、高元贵一代老人呕心沥血、励精图治，铸就了北京地质学院的辉煌。

怎能忘记：地质博物馆稀奇古怪的古生物化石、琳琅满目的矿物标本，深深地吸引我们眼球，狠狠抨击我们心扉。

怎能忘记：地院广播台每天早上奏响的地质晨曲，唤醒校园内沉睡的小鸟，迎来了地院师生员工，工作、学习、生活的新一天。

怎能忘记：地院大马路上，青年男女，灯下漫步，雨中踏青，高谈阔论，编织未来的壮志豪情……

怎能忘记：地院的一分一秒，一草一木……

▲ 卢光瑞校友赋诗

▲ 从左到右：61652班何立士、62641班徐胜利、11652班卢光瑞、61651班黄一飞、71631班林振

20世纪七八十年代毕业生代表黄培元介绍了现场7位1978级的老校友，黄师兄将舒婷的《致橡树》赠予新校友，祝福新校友在事业上、学习上、爱情上皆有丰硕的果实。

▲ 黄培元发言

▲ 从左到右：黄培元、吴义祥、卢禄华、李忠荣、周玉炳、邱建贤、胡志毅、蔡保全

中国地质大学原校长、中国地质大学校友总会会长赵鹏大院士的女儿赵卫华女士作为家属代表，表达了对地大人的尊敬和钦佩。她谈到儿时的成长记忆时说，每逢父亲出差回来会第一时间翻看父亲那装有宝藏的包，地质人的经历是艰苦奋斗、不惧困难的真实写照。

2007级经济管理学院（简称“经管学院”）校友粘婉清作了题为“地大是我人生中最正确的选择之一”的发言。她说人生的许多高光时刻都是母校赋予的。去年10月，李会长、卢会长携20余位校友参加了她的婚礼，卢会长代表30余万海内外地大校友上台致辞，校友们的祝福给予了她无限的智慧和勇气。

▲ 家属代表赵卫华女士发言

▲ 2007级经管学院校友粘婉清发言

2019届毕业生代表郑丽蓉、林有峰发言。郑丽蓉的发言活泼俏皮，富有青春活力，将地大近年来的变化娓娓道来，最后她总结道：“经历了地大的飞速发展和变化，真苦的地大似乎已经变得不再苦，但我相信地大人已将‘艰苦朴素、求真务实’的校训永存心中。”

▲ 2019届毕业生代表郑丽蓉、林有峰发言

下午4:30左右，庄重而温馨的交流会结束后，校友们发扬地大精神，徒步前往集美学村。美丽的集美学村、清澈的海水、凉爽的海风共同记录了我们纯洁的校友情谊。

▲ 校友参观集美学村

▲ 从左到右：卢禄华、周子程、潘婷、郑丽蓉、林文铭、方亚豪、粘婉清

徒步归来，组委会精心策划了一场别开生面的当地民俗特色活动——博饼及晚宴。据悉，博饼是闽台地区特有的中秋习俗，每逢中秋佳节前后，闽南人都会约上亲友欢聚一堂，努力博出一年的好运和丰厚精美的礼品，博饼时骰子碰撞瓷碗的响声像优美的音符不时回荡在会场。厦门山行实业有限公司总经理洪炳琛、贵州校友分会会长王成相为晚宴带来了优美的歌声和精彩的表演。

本次活动得到了母校的亲切关怀和校友的大力支持，在厦门光博新能源科技有限公司董事长、福建校友分会副会长郑衍增的带领下，理事会和组委会为本次活动做了大量的筹备工作。最后，特别感谢校友为本次活动提供的赞助和支持，他们是：福建龙岩中元大酒店李忠荣、厦门三烨传动机械有限公司卢禄华、厦门东南新工具有限公司吴建明、蒙古国中华福建总商会执行会长王景凡、厦门路桥集团林元泰。

（**撰稿** 粘婉清 **摄影** 王艳良）

一场大胜迎接2019届来桂校友

地大广西校友分会在“全桂矿业杯”第一届全国重点高校广西校友篮球联赛斩获佳绩。

▲ 参加人员大合影

2019年9月21日下午，由中国地质大学广西校友分会会长陈海冠名的“全桂矿业杯”第一届全国重点高校广西校友篮球联赛在广西南宁开幕。全国34所重点高校共计28支广西校友篮球队将在接下来两个月的比赛中向奖杯发起冲锋。本次联赛旨在促进全国重点高校广西校友深入交流、增进友谊，鼓励广大高校校友勇担时代重担，为“建设壮美广西，共圆复兴梦想”贡献力量。本次赛事参赛球员接近600人。在首场揭幕战中，地大校友篮球队在校友拉拉队的助威声中凭借着出色的发挥以53:43力克中国科学技术大学联队和西安交通大学联队。

来桂工作的30位2019届毕业生代表参加了开幕式并观看了比赛。比赛间隙，陈海会长代表广西校友分会致欢迎词，表达了对来桂工作、创业和发展的新校友的诚挚祝贺和热烈欢迎。陈海会长肯定了校友之间的深情厚谊，号召新校友主动融入校友会平台，积极参加校友会活动，传承“艰苦朴素、求真务实”的地大精神，为广西发展多作贡献。

通过观看篮球联赛，2019届校友在感受地大广西校友分会团结与活力的同时，也在比赛胜利的欢呼声中，体会到了校友分会的强大实力。受其感召，他们纷纷作了热情洋溢的发言，不仅表达了对校友篮球队获胜的祝贺，同时也认为这次胜利是对他们加入校友会这个大家庭最热烈的欢迎仪式。2019届校友表示，在以后的职业生涯中，他们将继续秉持“艰苦朴素、求真务实”的校训精神，努力工作，不断学习，保持自信，专业专注，成就辉煌人生，为母校增光添彩！

（图文由广西校友分会提供）

▲ 广西校友分会迎新

▲《攀登者》观影交流分享会

我是《攀登者》

2019年10月13日，学校广东校友分会协助广东省文促汇高校文体发展中心组织的《攀登者》观影交流分享会在广州购书中心六楼会议厅顺利举行。学校体育学院院长、中国户外运动学院、“7+2”登山科考队领队董范，学校校友、“7+2”登山科考项目女队员陈晨出席本次活动。

▲ 董范发言

作为本次观影交流分享会的主办方之一，广东校友分会一如既往地秉承初心，与广大校友同心同向、同舟共济，致力于联络校友情谊，发展校友工作。会上，董范作了主题为“巅峰梦想”的分享。他表示作为一名攀登者，当有上摩苍苍俯瞰漫漫的雄心，当有不畏浮云遮望眼、不坠青云之志向的坚定。

在“电影与生活有什么区别”的圆桌互动环节，董范与陈晨参与其中并作了发言。作为真实的攀登者，他们讲述了自己在登山中的经历与收获，并结合《攀登者》电影，一番畅谈。陈晨在讲述自己攀登经历和经验的过程中，也激发了大家积极探讨的兴趣，活跃了会议气氛。

▲《攀登者》观影互动活动

本次观影交流会取得了圆满成功。学校广州校友分会坚守初心、务实工作的态度进一步得到了社会肯定。地大学子在广州，攀登精神永不朽！

据悉，当天上午董范、陈晨与其他参会人员参加了在天河城飞扬影城8号厅举办的《攀登者》观影互动的活动。

（图文由广东校友分会提供）

中国地质大学老挝校友分会在万象成立

2019年10月21日，中国地质大学老挝校友分会成立大会在老挝万象市举行，来自老挝的近20名校友代表齐聚一堂，共同见证老挝校友分会成立。中国地质大学校友工作与教育基金管理处处长徐岩、国际教育学院副院长许峰参加了成立大会。

▲ 成立大会现场

徐岩宣读了《关于中国地质大学老挝校友分会成立申请的批复》，为新成立的校友分会授旗并发表了讲话。徐岩表示，老挝校友分会是中国地质大学在“一带一路”沿线国家中首次成立的海外校友分会，旨在响应习近平主席构建“中老命运共同体”倡议，发挥校友会的桥梁和纽带作用，为深入推进“一带一路”建设贡献地大力量。

许峰宣读了学校各校友分会发来的贺电，并代表国际教育学院祝贺老挝校友分会的成立。他表示，近年来，学校来华留学教育积极服务国家战略，不断加强海

▲ 徐岩讲话

▲ 许峰发言

外校友组织建设，构建良好的人才培养反馈机制，为提升国际化人才培养质量提供有力支撑。

新当选的冬莎晗副会长讲话。她对母校的培养与关爱表示了由衷的感谢，并表示，一定会开展好各项老挝校友会的工作，使它成为联络老挝地大校友的交流平台，为母校的发展和中老两国人民的友谊做出贡献。

最后，老挝校友分会成立大会在参会校友合唱中国地质大学校歌《勘探队员之歌》及到场校友大合影中圆满落下帷幕。

（**地大之声 通讯员** 刘小舟 许峰）

▲ 冬莎晗发言

▲ 大合影

中国地质大学越南校友分会在河内成立

本次成立大会由学校越南籍2013届博士毕业生杜明玉主持。学校资源学院1995届毕业生宋忠伟代表筹委会作越南校友分会筹备工作报告。徐岩宣读了《关于中国地质大学越南校友分会成立申请的批复》并发表讲话。徐岩表示，越南的校友基础深厚，在80余名校友中，有60余名国际学生校友，并强调了中越友谊源远流长，希望越南校友分会能够团结一心，凝聚国际校友力量，拓展中越两国、中国与东盟之间的务实合作，推动中越命运共同体发展再上新台阶。

大会审议并通过了第一届理事会名单，宋忠伟当选越南校友分会会长，杜明

▲ 越南籍校友杜明玉主持大会

▲ 徐岩讲话

玉当选秘书长，徐岩代表中国地质大学校友会向越南校友分会授旗。

中国地质大学川渝校友分会、广西校友分会、浙江校友分会等纷纷发来贺电。学校广西校友分会会长陈海亲临现场，代表兄弟校友分会向越南校友分会成立献上贺词，希望中越校友携手共进，进一步团结、服务越南地大校友，为母校添彩，为两国友好交往贡献力量。

李建威发表讲话。李建威表示，越南校友分会作为中越两国发展的桥梁，应当进一步关注母校的发展；学校在越校友取得了优异的成绩，是母校的骄傲，希望他们能够为校友会的发展提出宝贵的意见，常回家看看；希望越南校友分会能促进中越两国在矿产资源勘探研究领域深入开展学术合作与交流。

许峰发表讲话。许峰表示，越南校友分会的成立与学校的国际化进程及来华留学教育事业密不可分，二者既是相互工作成果的见证，也是相互发展前进的动力。他希望越南校友分会能够凝心聚力，提升母校在海外的知名度和国际影响力，为深入推进“一带一路”建设贡献地大力量，与母校相互支撑，合作共赢。

新当选的第一届越南校友分会会长宋忠伟发言。他深情地回忆了自己在中国地质大学的学习生活经历，表达了对母校和老师的感恩之情，并表示将与第一届理事

▲ 徐岩（左一）向越南校友会授旗

▲ 陈海讲话

▲ 李建威讲话

▲ 许峰讲话

▲ 新当选的越南校友分会会长宋忠伟讲话

▲ 与会校友代表合影

会全体成员一起，加强在越校友的互动交流，为提升大家对母校的归属感与荣誉感而努力，为促进中越两国人民的友谊、加快推进“一带一路”和“两廊一圈”战略增添力量。

（**地大之声 通讯员** 刘小舟）

校友处赴桂拜访校友 共话学校传承发展

2019年10月24日，校友工作与教育基金管理处副处长胡肖一行3人前往桂林拜访校友。

副处长胡肖一行拜访陈学军校友。陈学军校友1982年本科毕业于武汉地质学院水工地质专业，2001年博士毕业于中国地质大学地质工程专业，现任桂林理工大学党委常委、副校长，分管校友与基金工作等。校友处工作人员向陈学军副校长汇报了母校建设发展以及联络和服务校友的情况。陈学军校友表达了对母校的怀念之情和感激之意，并向大家介绍了桂林理工大学的概况，与校友会负责同志一起就如何凝聚校友力量、搭建交流平台等问题进行了深入交流。

▲ 陈学军校友与校友处工作人员合影

陈学军校友与校友处工作人员合影。随后校友处一行人拜访了夏瀚校友。夏瀚校友为巴基斯坦籍，2017年博士毕业于地大环境科学专业，现任桂林理工大学环境科学与工程学院专职教师，也是该校首位外籍专职科研教师。他表示，看到母校老师很亲切、很高兴，非常感谢母校，母校的学习生活还历历在目，难忘的地大校园生活是他人生的重要经历，他将尽力为母校发展建设服务和助力。

▲ 夏瀚校友与校友处工作人员合影

（**地大之声 通讯员** 于小清）

中国地质大学校友与基金工作委员会第一次全体会议召开

2019年11月12日，中国地质大学校友与基金工作委员会第一次全体会议在南望山校区惠宾楼二号会议室召开。校领导黄晓玫、王焰新、傅安洲、赖旭龙、王华、王林清、刘杰、周爱国，电子科技大学合作发展部副部长李丽娟，校友与基金工作委员会委员参加此次会议。会议由校友工作与教育基金管理处处长徐岩主持。

▲ 会议现场

▲ 徐岩主持会议

会上，李丽娟介绍了电子科技大学校友与基金工作的情况，对校友组织建设、校友活动开展、校友经济发展、校友文化培育等几个方面进行了详细介绍。机电学院党委书记瞿祥华、地理与信息工程学院党委书记许德华进行了校友与基金工作经验分享。

▲ 李丽娟作介绍

▲ 瞿祥华作经验分享

▲ 许德华作经验分享

校友工作与教育基金管理处副处长胡肖、吕占峰分别对《中国地质大学(武汉)关于加强校院两级校友与基金工作的意见》和基金募集工作进行解读。参会人员就校友与基金工作问题进行了讨论和意见的反馈。

▲ 胡肖解读文件

▲ 吕占峰解读文件

校党委副书记王林清对校友与基金工作提出要求。他说,全校师生员工必须进一步认识校友与基金工作的重要性,必须尽快完善校友与基金工作体系,必须有效运用工作考核与绩效评价促进校友与基金工作,必须强化校友工作的全员意识。他指出,要尽快落实工作体系,建设学院校友工作队伍,发挥自觉性,围绕学院、学校发展,充分调动校友等社会资源办学,切实提高资源获取能力,推动学校早日建成地球科学领域世界一流大学。

▲ 王林清发言

校党委书记黄晓玫作总结发言。她首先肯定了校友资源在学校战略发展中的重要地位，同时提出学校应整合校内外资源，搭建校友合作、互助共赢的校友平台。她强调，全校上下应当重视校友工作，以制度化、规范化手段保障校友与基金工作的健康发展，围绕学校立德树人的根本任务，结合学校办学特色与地大文化核心，充分挖掘地大校友“富矿”，形成校内外的共同价值追求和凝聚力。

▲ 黄晓玫发言

（**地大之声 通讯员** 旷杰媛 **摄影** 洪鹤庭）

助力校友企业发展　推进科研成果转化

2019年11月18日上午，“武汉市科技成果转化系列活动——斗转科技园地大北斗GIS专场”在中国地质大学（武汉）八角楼会议厅圆满举行，创投大咖、高校代表、企业代表、青年创业者等百余人齐聚现场。8个项目现场签约，达成科技成果转化意向签约金额6 000万元。

继2017年“资智回汉”地大专场活动后，校友处一直倾心服务校友企业发展，

▲ 活动现场

利用各类平台、各种机会牵线搭桥，推进学校老师科技成果转化，促进校友企业发展。

本次活动中，学校校友、师生负责对“工业互联网软件安全监控系统”“航天任务设计优化与分析仿真软件平台(CSTK)”“基于GIS的文化旅游大数据挖掘与应用服务平台”“自然保护地——科普教育的探索与实践”“北斗时空信息领域全球化服务”5个优秀项目进行了精彩的路演。每个项目通过限时的路演时间，对企业自身的主营业务、商业模式、核心竞争力、融资计划等进行了高效精炼的展示，参会嘉宾对项目进行了一对一精准提问和点评，给出了专业意见。

学校空间信息工程团队展示了“航天任务设计优化与分析仿真软件平台(CSTK)”研究成果，该项成果获得了现场专家和企业家的关注并现场签下意向投资合同。

▲ 戴光明路演

▲ 雷远洪路演

▲ 何祥伟路演

▲ 李鑫路演

▲ 任伟路演

▲ 专场人员合影

本次活动由武汉市科学技术局主办，湖北斗转科技孵化器有限公司承办，中国地质大学(武汉)、国家知识产权运营公共服务平台高校运营(武汉)试点平台、湖北睿之扬科技咨询有限公司协办。

学校路演项目

姓　名	路演项目名称	项目名称
任　伟	中国地质大学(武汉)计算机学院信息安全系	工业互联网软件安全监控系统
戴光明	中国地质大学(武汉)空间信息工程团队	航天任务设计优化与分析仿真软件平台(CSTK)
雷远洪	武汉地普游科技有限公司	基于GIS的文化旅游大数据挖掘与应用服务平台
李　鑫	脚爬客(武汉)信息技术有限公司	自然保护地——科普教育的探索与实践
何祥伟	湖北智途北斗空间信息技术有限公司	北斗时空信息领域全球化服务

(**撰稿** 斗转科技园　旷杰媛　**图片** 斗转科技园)

中国地质大学成立山东校友分会

▲ 校友签到

2019年11月30日，中国地质大学山东校友分会在济南成立。中国地质大学党委书记黄晓玫、党委副书记王林清、各学院和职能部门代表、地方校友分会代表以及150位山东校友代表参加会议。地化系15842班校友侯明兰主持会议。

王林清作学校情况介绍。他向参会校友详细介绍了学校近年来在人才培养、科学研究、社会服务方面取得的进展，也表达了期盼校友参与学校建设和发展的愿望。

▲ 侯明兰主持会议

▲ 校党委副书记王林清发言

校友总会秘书长徐岩宣读《关于成立中国地质大学山东校友分会申请的批复》。

▲ 高继雷介绍筹备情况

山东省地质矿产勘查开发局一队质量技术部主任、21931班高继雷校友介绍中国地质大学山东校友分会成立申请及筹备情况。

全体山东校友审议并通过《中国地质大学山东校友分会章程》。

会议举手表决通过中国地质大学山东校友分会理事会理事、常务理事、会长、副会长、秘书长、副秘书长、监事长、监事建议名单。首创证券山东分公司总经理、31871班校友渠洪喜校友担任会长，侯明兰等担任副会长，高继雷担任秘书长，杨丽芝担任监事长。

▲ 与会校友代表

北京校友分会常务副会长潘鸿宝代表兄弟校友分会宣读贺信。河北、北京、广西、安徽、川渝等地校友分会发贺信表示祝贺。

▲ 渠洪喜致辞

山东校友分会第一届理事会会长渠洪喜致辞。他代表山东校友分会第一届理事会成员感谢学校和山东校友对筹备工作的辛勤付出和鼎力支持并表示将通过组织机制建设、品牌活动开展以及搭建校友母校平台等措施凝聚山东校友力量，建设山东校友分会。

黄晓玫向山东校友分会会长授山东校友分会会旗，渠洪喜接旗。

▲ 授旗仪式

黄晓玫讲话。她说，山东校友分会的成立，是全党深入学习贯彻党的十九届四中全会精神，学校扎实推进“不忘初心、牢记使命”主题教育、加快“建设地球科学领域世界一流大学”背景下的一件喜事，是地大人水乳交融血脉亲情的重要见证。希望校友与母校通过山东校友分会打造校友与母校的“情感联络站”和“发展共同体”，再续母校与校友发展新篇章。

▲ 校党委书记黄晓玫讲话

山东校友发言。国家科技进步二等奖获得者、1991届地质矿产勘查专业宋明春校友作了题为“胶东金矿深部找矿成果及理论技术进展”的学术交流。“全国三八红旗手”“全国最美地质队员”获得者，水文地质专业51841班杨丽芝校友结合自己30年的地质工作实践，作了“三十年初心不改，不负青春勇担当”的发言。

▲ 宋明春作报告

▲ 杨丽芝发言

▲ 山东校友分会成立大会合影留念

各学院校友代表与本院教师代表分组见面。

与会全体一起合唱《勘探队员之歌》。

（通讯员 丁苗苗）

学校举办第四届地质资源环境高峰论坛

▲ 深圳珠宝校友分会会长陈春主持会议

2019年12月7日，学校举办第四届地质资源环境高峰论坛。学校党委书记黄晓玫、副校长傅安洲、党委副书记王林清，中国地质大学（北京）党委书记马俊杰、副校长王果胜，全国地矿油单位代表等100余人参加论坛。本次论坛由深圳珠宝校友分会承办，香港校友分会协办。深圳珠宝校友分会会长陈春主持会议。

▲ 黄晓玫致欢迎词

黄晓玫致欢迎词。她说，适逢党的十九届四中全会召开不久，学校“不忘初心、牢记使命”主题教育走向深入之际，第四届地质资源环境高峰论坛在中国改革开放的桥头堡、示范区深圳市举办，有利于凝聚合作共识，推进行业转型；有利于强化使命担当，服务国家战略；有利于彰显特色优势，助力地方发展。她希望广大深圳校友勇立潮头、敢为人先，在改革开放最前沿充分展现地大人与祖国共奋进的责任担当，为母校赢得更多荣誉，为祖国做出更大贡献。

中海油渤海石油管理局（天津）总地质师薛永安作题为“渤海海域中深部油气勘探创新与突破”的发言。

北京中色资源环境工程股份有限公司广西分公司总经理周小琪作题为“矿山地质生态环境的前世今生”的发言。

▲ 薛永安作报告

▲ 周小琪作报告

深圳市福田区原副区长、环境工程博士刘家宝作题为“土地处理污水技术在全国优美乡村建设中的作用”的发言。

北京确博尔公司董事长刘光华作题为“中国收藏级矿物资源及其国际地位”的发言。

▲ 刘家宝作报告

▲ 刘光华作报告

工程学院教授马保松作题为“地下生命线工程及地下空间开发利用新技术”的发言。

珠宝学院院长杨明星作题为“珠宝资源与中国珠宝产业发展”的发言。

▲ 马保松作报告

▲ 杨明星作报告

中国地质大学(北京)珠宝学院副院长郭颖作题为“中国优秀传统文化支持下的珠宝产业发展”的发言。

马俊杰高度赞扬了校友们的精彩演讲。他指出,校友们的发言主题鲜明、针对性强、内容丰富、突出特色,充分彰显了地大精神。他激励校友们在各自岗位上砥砺前行,继续进步。

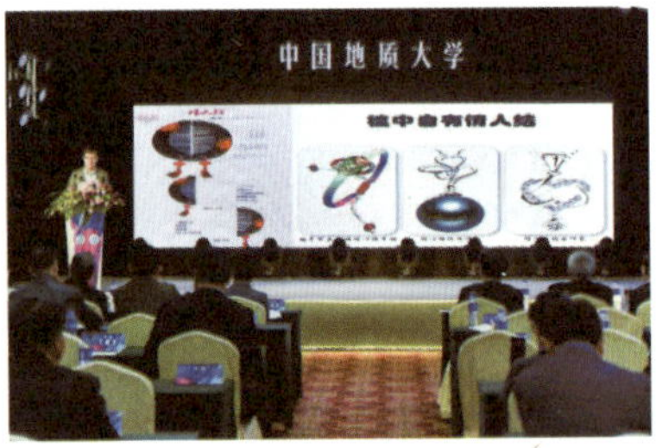

▲ 郭颖作报告

▲ 马俊杰发言

中国地质大学举行第十一届校友分会会长、秘书长联谊会

2019年12月7日,中国地质大学第十一届校友分会会长、秘书长联谊会在深圳市举办。学校党委书记黄晓玫、副校长傅安洲、党委副书记王林清,中国地质大学(北京)党委书记马俊杰、副校长王果胜,28个海内外校友分会的会长、秘书长代

表以及深圳校友代表共300人参会。国家珠宝玉石质量监督检验中心深圳实验室张勇主持联谊会。

深圳珠宝校友分会荣誉会长、周大生集团董事长、校友企业家联盟理事长周宗文先生代表承办单位致辞。他表示，参天之树，必有其根，环山之水，必有其源。深圳珠宝校友分会在母校的关怀和指导下成长壮大，在珠宝设计、生产加工、批发零售、企业管理、首饰包装、教育培训等领域发光发热，为珠宝产业的发展做出了贡献，大批珠宝企业家用实际行动为母校赢得了荣誉。

两校校领导以及深圳珠宝校友分会会长陈春、福建校友分会荣誉会长李忠荣共同完成联谊会启动仪式。

王林清宣读2019年度校友工作先进分会和先进个人表彰决定。广东校友分会、福建校友分会、广西校友分会、川渝校友分会、北京校友分会、深圳珠宝校友分会、加拿大校友分会获得“校友工作先进分会”称号，茆春锦等46位校友分会代表获得“校友工作先进个人”称号。

黄晓玫、马俊杰共同为先进分会颁奖。

深圳珠宝校友分会荣誉会长周宗文、香港校友分会会长陈道德分别向两校捐赠纪念品。

傅安洲、王果胜为获奖先进个人颁奖。

▲ 深圳珠宝校友分会荣誉会长周宗文(右一)、香港校友分会会长陈道德(左一)分别向两校捐赠纪念品

▲ 周宗文致辞

▲ 联谊会启动仪式

▲ 王林清宣读表彰决定

▲ 黄晓玫、马俊杰共同为先进分会颁奖

▲ 傅安洲、王果胜为获奖先进个人颁奖

香港校友分会吕国平代表协办单位致辞。他深情回顾了香港校友分会成立和发展的历史，并介绍了香港校友传承校风校训精神、践行爱国爱港情怀的事迹。

▲ 香港校友分会吕国平致辞

加拿大校友分会会长冯建德、福建校友分会会长卢禄华分别代表优秀校友分会进行工作交流。

▲ 加拿大校友分会会长冯建德发言

▲ 福建校友分会会长卢禄华发言

中国地质大学（北京）校友会秘书长沙淑清、学校校友工作与教育基金管理处处长徐岩分别作2019年校友会报告。

王果胜宣布下一届校友分会会长、秘书长联谊会暨高峰论坛承办单位为福建校友分会。

▲ 沙淑清作报告

▲ 徐岩作报告

王林清授旗，福建校友分会荣誉会长李忠荣、会长卢禄华共同接旗。

福建校友分会会长卢禄华代表第十二届联谊会承办方讲话。他感谢母校的信任，并表示福建校友分会已经做好充分准备，期待与全球校友分会代表2020年在红色教育基地古田相聚。

▲ 王林清（左一）授旗

▲ 福建校友分会会长卢禄华讲话

深圳市助宝科技服务有限公司、深圳市吉盟珠宝股份有限公司、深圳市宝怡珠宝首饰有限公司、深圳市星光达珠宝首饰实业有限公司、深圳市甘露珠宝首饰有限公司、深圳市金展物业管理有限公司等校友企业分别作风采展示。

本次论坛由深圳珠宝校友分会承办，深圳校友分会支持，香港校友分会协办。

广西校友分会圆满举行2020年新春茶话会

2019年即将过去，2020年扑面而来。在这辞旧迎新的日子里，在这继往开来的时候，广西校友分会于南国的湖光山色之间觅得林间木屋一座、方塘半亩，略备清茶薄酒，于2019年12月15日采菊东篱下，前往南宁市江南区梓山坡曲水流觞，话情谊、谋发展！

中国地质大学广西校友分会会长、广西南宁全桂矿业投资咨询有限公司董事长陈海，中国地质大学广西校友分会名誉会长、南宁师范大学科研处处长许桂林，中国地质大学北京校友分会秘书长覃远鹏，中国地质大学广西校友分会秘书长、广西壮族自治区地震局工程院总工程师李细光等出席了会议。校友们欢聚一堂，各抒己见，畅所欲言。

茶话会于中午11:00开始，由陈海会长主持，他对广西校友分会的现状作了简单介绍。参会校友积极发言，针对校友分会工作提出了不同的宝贵意见。

会议期间，陈海会长代表中国地质大学校友总会向崔玮等校友颁发了“2019

年度中国地质大学校友工作先进个人”的荣誉证书。

本次茶话会，大家纷纷献计献策、畅所欲言，对2020年地大广西校友分会活动的开展提出了各种意见和建议，并且真抓实干，茶话会结束后就立即为农历年的校友年会作准备并为地大广西校友分会后续的活动和沟通交流奠定了良好的基础，相信以后会有更多的地大广西校友积极地参与校友会组织的活动中来。茶话会持续了4个多小时，散会时大家津津乐道、意犹未尽。

▲ 广西校友分会新春茶话会合影

本次地大广西校友新春茶话会的成功组织，得益于地大广西校友分会的大力支持和帮助。为了搞好本次活动，在地大广西校友分会各位领导的关心和支持下，校友方芳为本次茶话会的成功举办作了细致的准备和安排，热心校友韦振峰还专程为本次校友茶话会赠送正宗马山特产黑山羊。

依托众多校友的积极参与和帮助，本次2020年地大广西校友新春茶话会取得了圆满成功！2019年，广西校友分会一路砥砺前行！2020年，地大广西校友将通过校友分会促进校友之间的沟通，增强校友之间的合作，为母校的发展及建设尽一份力！祝愿母校在2020年能有更大的发展和收获！

（撰稿 方芳）

“2019年地大浙江校友联谊会暨第三届江浙沪贺岁杯”圆满落幕

2019年12月14日，对于在浙江的全体中国地质大学校友而言，注定是不平凡的一天，中国地质大学浙江校友分会主办的“2019年地大浙江校友联谊会暨第三届江浙沪贺岁杯”在杭州揭开序幕，本次活动包含两个环节：下午的贺岁杯足球、羽毛球赛事和晚上的联谊会。

本次活动我们非常荣幸邀请到了母校原副校长邢相勤老师、副校长傅安洲老师、校党委副书记王林清老师、母校相关职能部门的老师们以及200余位浙江校友。我们还延续了传统，邀请了来自上海、深圳、苏州、福建、河北、江西、珠海等兄弟校友分会的代表们。

本次贺岁杯足球赛已是第三届，本届共有4支球队参赛。

▲ 贺岁杯足球赛合影

经过激烈的角逐，浙江队以3场胜利获得冠军，深圳队2胜1负获得亚军，上海队1胜2负获得季军，浙江省地质勘查局足球队获得优胜奖。

▲ 贺岁杯羽毛球赛合影

贺岁杯羽毛球赛的参赛队分别来自浙江省地质勘查局、地大上海校友分会、地大苏州校友分会和地大浙江校友分会。比赛分为团体赛和单项赛，其中团体赛设立男子单打2组、男子双打2组以及男女混合双打1组。

团体赛中，浙江校友分会羽毛球队夺得关键赛点并获得冠军，浙江地质勘查局羽毛球队获得亚军，苏州校友分会羽毛球队获得季军，上海校友分会羽毛球队获得优胜奖。

▲ 羽毛球比赛

单项比赛中，苏州校友分会的徐臻/吴丽琴荣获冠军，浙江省地质勘查局的艾飞舟/赖玮荣获亚军，上海校友分会的伍建军/边江和浙江校友分会的刘健/魏志云并列单项赛季军。

联谊会在下午5:30开始签到，校友陆续抵达会场，在签到墙前拍照打卡，等待聚会的开始！

▲ 浙江校友联谊会现场

18:18，在2014级校友徐欣韵的主持中，晚会正式开始。

地大浙江校友分会会长丁晓冬首先致辞。他代表地大浙江校友分会对到杭州参加此次联谊会的校友表示热烈的欢迎。丁会长还借杭州这“冬天太热，夏天太冷”的气候幽默表示，到杭校友可享受此趟杭州之旅。

全国评有感动中国人物，浙江评有地大浙江年度校友人物，我们的前进离不开榜样和楷模的引领。接下来的环节是震撼人心的“2019年浙江年度校友人物”公布仪式。地大浙江校友分会组织了专题讨论，从众多优秀的校友中，综合考虑了他们在2019年度获得的荣誉、产生的社会影响等多方面因素后，推选出了8位校友作为“2019年浙江年度校友人物”，他们分别是金翔龙、李家彪、蒋建良、陶春辉、周乐尧、黄春雷、项谦和以及何肖龙。

这些优秀校友是我们的骄傲，是我们奋斗的明灯！

贺岁赛事聚人心，以球会友情长存。贺岁杯颁奖仪式上，母校副校长傅安洲为贺岁杯足球赛冠军得主浙江校友分会足球队、亚军得主深圳校友分会足球队、季军得主上海校友分会足球队、优胜奖获得队伍浙江省地质勘查局足球队颁奖；浙江省地质勘查局副局长徐刚为贺岁杯羽毛球赛团体赛冠军得主浙江校友分会羽毛球队、亚军得主浙江省地质勘查局羽毛球队、季军得主苏州校友分会羽毛球队、优胜奖获得队伍上海校友分会羽毛球队以及单项赛得主颁奖！

▲ 贺岁杯颁奖

最后是浙江校友分会新增副秘书长聘任仪式。在2019年，涌现出了许多甘愿为校友工作辛勤付出的校友们，尤其是1994级物流管理专业的冯德华、2009级宝石学专业的郭碧君以及2010级工商管理专业的蔡敏莉在这一年中为浙江校友分会日常活动的开展付出了辛劳、起到了模范表率的作用，所以经过理事会投票表决，决定新增冯德华、郭碧君和蔡敏莉3位校友为地大浙江校友分会副秘书长，由地大校友总会徐岩秘书长为冯德华、郭碧君和蔡敏莉授予聘书。

▲ 浙江校友分会新增副秘书长聘任仪式

至此，最新的浙江校友分会秘书处完整名单如下。

秘书长：马明

副秘书长：李俊、王蓓卿、汤昱星、冯德华、郭碧君、蔡敏莉

财务：朱维维

校友永远是母校最宝贵的财富，是母校事业发展最可信赖的力量。长期以来，学校及学校领导高度重视做好校友工作，积极推动校友会的工作，鼎力支持。

紧接着王林清副书记代表学校致辞，表达了母校对校友们的深深思念、大力支持各地校友分会开展校友工作的决心。

人生最惜同窗日，白首难忘共读时。南望山和那333m的隧道，摇篮石和那威武庄严的毛主席像，陪伴地大人度过充实忙碌的青春岁月。之后进入“地大知多少”有奖问答环节。现场设置3组题目，每组2道，校友现场抽取1组题目进行回答。大家争相回答的同时勾起了现场校友们的无数记忆，仿佛回到了那人生中最美好的时光。

酒过三巡，菜过五味，在整个联谊会中穿插着激动人心的抽奖环节，浙江校友分会副会长厉子龙现场抽取了三等奖，地大校友总会秘书长徐岩现场抽取了二等奖，地大校友总会副会长邢相勤现场抽取了一等奖！

“是那山谷的风吹散了20岁的稚嫩，是那狂暴的雨洗刷了20岁的轻狂，我们有火焰般的热情，战胜了一切困难和挑战。背起了我们的行装，走往四海干事业；我们满怀无限的希望，争做地大明日的光荣。”在联谊会的最后，熟悉的旋律响起，傅安洲副校长起头，全体校友唱校歌。

忆往昔，桃李不言，自有风雨话沧桑；看今朝，厚德载物，更续辉煌誉五洲。借此次联谊会，校友带着踏实的温暖分别，以满血的状态回归工作岗位，不忘踏入校门的纯真烂漫，未忘踏出校门的昂扬斗志，誓有一番作为。

（图文由浙江校友分会提供）

中国地质大学举行珠海校友分会第三届联谊会

秉承着“艰苦朴素、求真务实”的地大精神，地大学子们在各自岗位上努力工作又一年啦。2019年12月15日下午2:00，在珠海市香洲区梅华东路284号诚信大厦珠海工程勘察院，中国地质大学珠海校友分会举行第三届联谊会活动，地大校友齐聚珠海，共叙校友情。

联谊会开始前，大屏幕滚动播出校友企业宣传展示视频，让参会校友们进一步对校友企业加深认识和了解。14:48，联谊会正式开始，首先由珠海校友分会名誉会长甘展孜（1984级校友）致辞。他肯定了校友会2019年的工作和未来发展规划并给出了建议。

▲ 珠海校友分会联谊会合影

接下来，珠海校友分会会长刘星（1989级校友）作2019年工作总结报告和2020年校友活动计划报告。广东校友分会会长孙政权（1987级校友）也即席发言，对珠海校友分会成立以来，积极参加和开展组织各类校友会活动的行为给予了高度评价。校友代表徐天吉（1975级校友）等也作了精彩发言。

▲ 颁发荣誉证书

会上表彰一批先进校友活动企业：广东省珠海工程勘察院、广东大德通建筑工程有限公司、江西省诚和建筑劳务分包有限公司、武汉工程勘察院珠海分院、安徽阳光信通电子科技有限公司、广州市天驰测绘技术有限公司珠海分公司。

还表彰了一批优秀活动校友：徐天吉、李晓峰、张俪、李诗雨、胡敏涛、彭安然、何明、郤俊杰、陈广应。

接下来，校友们前往运动场开展丰富的户外活动。地大珠海校友篮球队和珠海工程勘察院的联谊赛精彩纷呈，充分展示了"友谊第一、比赛第二"的风格。

户外活动结束后，校友们结伴赴皖江楼共进晚宴。

▲ 乒乓球、篮球活动进行中

"地二代"小朋友(父亲是李刚校友)为大家演奏歌曲《我和我的祖国》和《东方之珠》,校友们也一起合唱,共同歌颂伟大祖国繁荣昌盛70周年,喜迎即将到来的澳门回归祖国20周年。

联谊会在欢乐的气氛中圆满结束,校友们,我们2020年再相聚!

(图文由珠海校友分会提供)

赠人玫瑰　心有余香

——校友工作志愿者感言

我觉得,其实每次在参加志愿活动时,做的事情并不是一些惊天动地的事情,而是一些微小的,小得不能再小的事情,甚至是一些琐碎的事情,但其实志愿服务就是这样,一些微不足道的小事却发挥着至关重要的作用,在小事中收获满足和快乐。作为一名志愿者,我们应该明白自己做的都是义务活动,价值是不能用金钱来衡量的,是一笔无形的精神财富。

——经济管理学院2018级 陈静

在我看来,一所完全意义上的大学,不仅由在校师生构成,还应包括其全部校友。我们志愿者通过这样的机会,不仅为校友会的发展提供帮助,同时也让自己得到各方面的提升。

——艺术与传媒学院2018级 陈欣媛

校友是学校不同历史发展阶段的参与者和见证人,是办学水平和办学成就的重要体现,也是学校建设发展的资源与财富,更是学校不断前进的强大助力。而我们社团存在的意义正是:加强学校与校友、校友与校友、学校与社会间的联系沟通,发挥校友爱校建校热情,凝聚强大的发展合力,为地大的发展提供助力,团结地大人,共建美好地大。

——工程学院2018级 刘思雨

在爱校联合会的志愿工作中,我们遇到了许多校友。恰同学少年,风华正茂。时光染白了他们的两鬓,但是却没有减少对母校的牵挂。多年前的他们与我们一样,共同呼吸地大的空气,经历地大的暴雨,欣赏地大的霞云。我相信这段在地大学习的时光是他们,也是我,是我们每个地大人人生中最为美好的一段记忆。即使到了白发苍苍的时候，回忆起当初在母校里的点点滴滴，回忆起当初在母校里的同学友谊和老师的教导，他们仍然会流露出甜蜜和幸福的憧憬。而如今，各位校友在祖国各地，在各条战线，在各种岗位，以不同的方式施展着自己的才华，践行着自己的人生理想。每当想起我们曾共同在地大学习，我的心中都油然而生感动与自豪：各位校友，母校以你为荣！而作为志愿者的我们，见证了校友们时隔多年的重聚，不仅收获了满满的感动，还让我更深刻地体会到了作为一名志愿者的职责。我想这便是爱校联合会存在的意义。

——工程学院2018级 张含瑞

在志愿服务的过程中，我也接触到了一些来自全国各地的校友。他们已经迈入了人生的另一个阶段，却在交流中努力去共鸣我们所处的学生时代，半是回忆半是建议地诚恳交谈。他们在繁忙的工作生活中赶回地大，甚至还有带上妻儿一同返校的。他们在球场上比赛的那一刻，就仿佛是回到了他们的大学时代。我在此次活动中仿佛听到了一段青春对另一段青春的叮咛，这是我作为校友工作志愿者与其他活动志愿者所感受的最大不同。所以我在志愿服务中投入了不一样的感情并在过程中感受和收获到了不一样的情感反馈。校友工作志愿活动，它更有温度，更具温情，更加温暖。

——经济管理学院2018级 徐龙雨

服务校友 服务学校 提升自我

——爱校联合会开展校友足球赛志愿工作

2019年5月18—19日，“迪探·地大杯”第五届中国地质大学校友足球赛在学校西区足球场顺利举行，来自全国各地的300余名校友集中返回母校。此次比赛过程中，学校社团爱校联合会积极组织开展志愿工作，赢得了校友的好评。

近3天的校友返校期间，志愿者队伍分工合理，工作高效，对活动的顺利进行起到了不可或缺的作用。粉红色的身影穿梭在绿茵场，形成了一道独特的风景线。

5月17日，校友陆续抵达武汉，志愿者们在东区迎宾楼接待各地校友，为他们办理入住手续，介绍比赛的主要流程和事宜，并发放了地大纪念品。校友们纷

▲ 志愿者布置足球赛场地

表示感谢，欣喜于母校的点滴变化。

临近比赛开始时分，志愿者们负责给17支参赛队伍发放引导牌，为裁判分发纸笔，搭建帐篷，搬运物资。绿茵场上，部分志愿者为规范比赛场地，提升专业度，进行着划线以及布置球门、安放旗帜的工作。

在开幕式到赛事的全过程中，志愿者们负责播放音乐、拍摄影像、捡球、维持赛场秩序，并为队员们提供矿泉水、冰袋等物品，帮助队员照看衣物。志愿者们在赛场边力所能及地解决突发状况，满足校友的需求。

▲ 颁奖环节

闭幕式上，志愿者们协助颁奖嘉宾完成了传递奖牌、锦旗、奖杯、礼品等工作，保证了颁奖环节的有序进行。

操场上的人渐渐分散、离开，志愿者们开始整理清洁场地、回收物资，为校友们办理离校的相关手续。

在本次校友足球赛的志愿活动过程中，志愿者们不仅有机会与校友近距离接触，听到校友对母校的殷殷期盼，而且感受到了付出的意义，体会到一脉传承的地大精神，颇有收获和体会。

北京校友分会会员彭智博说：“每次回到学

▲ 志愿者清理比赛场地

校，感觉既熟悉又充满新鲜感。因为我们是地大人，不管走到哪，对地大的感情是永远存在的。拿到的《地大人》这本书是地大文化及精神的一种载体，激励着地大一代又一代学子为了自己的梦想、为了自己的将来而奋斗。”

MBA校友分会领队汪学铁说：“希望母校的学生和老师能够取得更多的成绩，为母校争光，为社会争光。”

志愿者王洁彬说：“做志愿活动首先是可以为大家服务，帮助更多的人，实现自己的价值；其次可以学到很多东西，服务别人，同时也可以更加丰富自己的课余生活。通过这次的志愿活动，我看到了校友们的精神和热情，也希望自己将来可以像师兄师姐一样优秀、一样精神饱满。”

志愿者魏静说：“帮助校友开展此次比赛有助于校友了解学校的近况，有助于引导校友关注学校发展。我们和老师们、朋友们在工作中相互配合、理解、支持，在工作外谈天说地，整个志愿活动都充满趣味，毫不枯燥。此次志愿活动让我们有了朝夕相处的美好回忆。

志愿者梁雅说：“我认为这次活动能让那么多老同学有机会一起重聚在校园，是非常难得的。”

爱校联合会是2006年4月成立的志愿服务类的公益社团。一直奉行的宗旨是：服务校友，服务学校，提升自我。在大大小小的与校友相关的活动中，爱校联合会的成员们都会以积极的态度、饱满的精神面貌服务校友。同时，自己也会在一次次活动中加深对学校的感情，对校友工作有更深入的关注了解。

同学们的志愿活动是微小的，但也是伟大的，大家为校友带来了时隔多年的母校温暖，同时体现了自己的价值，彰显了新一代地大学生的精神风貌。未来，我们会发扬坚持志愿者精神，积极投入到志愿服务中，服务社会，充实自己。

（**撰稿** 王婧娴 张雨禧）

▲ 志愿者合影

记中国地质大学(武汉)1989届校友返校志愿者活动

中国地质大学(武汉)在十一期间举办了1989届校友毕业30周年返校活动,来自全国各地3 000多名校友及家属相聚母校,忆芳华岁月,叙师友情谊,谋未来发展,共同庆祝伟大祖国70周年华诞。作为一名地大学子,我很荣幸地担任志愿者一职,在这次盛会中收获满满。

一段时光变成故事,一段回忆烙在心底。地大校友带着曾经的青春回忆,再次相聚在一起。忆往昔峥嵘岁月,畅叙师生友谊情。“看看这个气派而又阳光美丽的校园,母校的发展真是越来越好了”,一位校友对着我说道。而今想起这句老校友对我说的话,我的思绪又走近了那让我难忘的一次志愿者活动。

我住在未来城新校区,10月1日早上6:00,我就赶到了南望山校区。走进学校,发现今天的地大校园美得无与伦比,飘扬的国旗映在阳光里,熠熠生辉。整个上午我都在整理发给校友的纪念品,待我们整理完纪念品后,和同学们一起观看了阅兵典礼。下午我去弘毅堂协助了返校联欢的彩排工作。在整个协助工作中,我了解到了很多关于学校早期的历史,那里记录着老校友们曾经的青春年华。那些千百个日日夜夜的故事里面承载着多少情和义,是我们永远不得而知的,但也许有些相同的情节却在地大这所校园里岁岁年年地上演着。直到晚上6:00才结束了当天的工作。虽然这一天下来身体十分疲累,但是想想校友们明天返校时兴奋而又激动的神情,心里不由得十分欣慰。

第二天早上,我很早就去校食堂吃饭,然后去弘毅堂做准备工作。由于第一个环节是校长演讲,我需要提前做好电脑和PPT的准备。“奋斗筑梦新时代,深情守候地大人”返校活动正式开始拉开大幕,校领导从历史沿革、基础建设、人才培养、科学研究、校园文化及社会服务等方面,向校友们介绍了学校近年来取得的成就。在观众席间看节目表演时,有几幕让我非常难忘:当坐在台下的校友听到校领导念到他们当年的班级时,都纷纷站起来并为自己的班级鼓掌欢呼。我为有这样的同窗情谊而落泪,更让我感动的是一对毕业的夫妻校友当场唱起了《同桌的你》,怀念当年的青春岁月,引起了全场地大学子的大合唱。我也不禁浮想联翩,未来的自己面对此情此景又将如何。

一名老校友说:“地大人遇山开山、遇水架桥,新生的地大创造了一个又一个科学奇迹，那段为了梦想与责任拼搏的岁月，着实令人难忘。”他深情地回忆了自己在母校度过的大学时光，并向母校送上了深深的祝福。他说：“正是母校的培育和滋养，赋予了我们深厚真挚的爱国情怀、求真务实的科学精神、敬业奉献的工作态度，指引着我们这一代科研工作者为科技强国贡献地大人的智慧和力量，祝福各位校友明天会更好，祝福地大明天会更好！”

这是我进入大学以来参加的第一次志愿者活动，收获很多，无以言表。活动期间，在老师、同学们的热心指导和帮助下，我负责的各项工作得以顺利完成，但是其中还存在不少细节不足和需要加强的地方。主要原因还是经验尚浅，对于大型活动的组织和规范还不是很了解，因此一些环节没有做到十分完美。所以，在以后的学习中我要不断注重理论与实践相结合，在实践中运用理论，争取学到真本领，更好地服务于校园和社会工作。这两天的志愿服务经历值得我终生铭记。我学到了很多，最重要的是深刻体会了“奉献、友爱、互助、进步”的志愿精神。志愿者服务给了我最好的锻炼机会和实践舞台，让我变得眼界更加开阔，意志更加坚定，对奉献过程中得到的快乐也更加体验得深刻。志愿者工作需要我们全身心投入。它以爱心为前提，服务他人不流于形式，是一个真正的关爱他人、只谈奉献的平台。

30年时光荏苒，恰同学少年，老校友相聚在这青春的乐园，话不尽同窗情，最难言别时意。短暂的返校日结束，校友们意犹未尽、流连忘返，依然在畅叙同窗友谊，不愿分别。身为旁观者，也衷心祝愿校友们情谊绵长。不论身处哪个行业，走到哪里，校友们身上都带着地大人的印记，拥有从学校造就的精神与品格。而我作为新一代的地大人，自应当好好珍惜宝贵的学习时光，和同学们一起把握这人生的精彩时刻，时时刻刻铭记老师与学校的教导，将地大学子的独特优秀品质传承下去。

今年又恰逢中华人民共和国成立70周年，当看到校友们衷心祝福伟大祖国繁荣昌盛，不忘初心、牢记使命，继续为实现中华民族伟大复兴的“中国梦”而努力奋斗时，我的内心激动万分。当校友们在弘毅堂共同高唱《我和我的祖国》时，大家纷纷挥舞着手中的国旗，动人的旋律响彻会场，诉说着每一位新、老地大人对祖国的无限热爱与祝福。这歌声传承了一代又一代地大追梦人的真挚理想——为校添彩，为国争光。

（**撰稿 计算机学院** 田冰）

微光奉献　花香盈袖

“奉献”，从来都是很美的一个词。如雨润大地，如日光普照，如落红护花，传递美好，不求回报。

很荣幸的，我也成为了传递美好、乐于奉献的志愿者的一分子。自是不敢与日光春雨比拟，但是在每一次的志愿活动中，我都体会到由衷的快乐。

犹记校友足球赛，各省地大学子驰骋球场，志愿者们着粉衣守候，或是为挥汗如雨的他们递上一瓶清凉，或是为不慎受伤的他们处理伤口，我们的守候，让他们安心地在久违的母校回味青春。

犹记9月开学季，我们为风尘仆仆、远道而来的新地大人指引道路，带着微笑的脸庞，耐心地解答。我知道胸前的工作证是某些茫然新生的指路明灯，仿佛在告诉他们，“志愿者在这儿”，让他们不再彷徨失措。

犹记地子归活动的盛况，我们有条不紊地为久违的地大学子包装礼物，每一份都包含了我们对前辈回归的喜悦，暖心的礼物通过我们的双手向归校的学子们传递了地大母校对他们的热情。看到前辈们喜悦的表情，我们的疲倦转瞬不见，只剩由衷的欣慰。

当我戴着工作证、身着志愿服时，我都会感到自己的变化。在家里被娇惯的我，习惯了接受家人的付出，理所应当地做一个索取者。可是当成为一个奉献者时，我才感到以前自己一味地索取是多么的自私，奉献远比索取要开心得多。正是由于体会到了奉献的快乐，我才鼓起勇气去献血。我开始从生活中点点滴滴的小事情去奉献。所谓赠人玫瑰，手留余香，花开花谢终有时，但花香却可长存。

志愿活动带给我的不只是奉献的喜悦，还有个人的成长。通过当志愿者，我结识了很多志同道合的朋友，交际面更广了，一次次的志愿活动培养了我细致负责的工作态度，还锻炼了我与人交往的能力。我真心感谢志愿活动所带给我的一切。

或许我不如春雨那样润物无声，也不如日光那样温暖大地，但我希望自己可以像小水滴那样汇流如海，像微光那样凝聚温暖，即使是微不足道的奉献，也希望世界能因我的行动而更加美好。

（**撰稿　经济管理学院** 张琛）

第三章
巍巍学府人才出

校友陈海：投身公益　情牵母校

从农家子弟到获得博士学位，从地质矿产高级工程师到创办广西南宁全桂矿业投资咨询有限责任公司，从在家乡成立读书基金会到带领全企业投身于公益事业——他就是学校1985级校友、广西南宁榜样矿业（集团）咨询有限责任公司董事长陈海。

▲ 陈海

珍惜求学机会　历练意志品质

1985年，19岁的陈海以高出重点线40分的优异成绩，收到学校的预录取名单，出身农家的陈海十分高兴，但他却迟迟没有收到学校发出的正式录取通知书。当他联系上负责当年招生的老师时，才发现通知书被寄到同地区另一位同名同姓的同学手中。经过一番波折，陈海顺利进入学校就读地质学专业。这个求学的小插曲让他更加珍惜来之不易的学习机会，他下定决心在学校刻苦学习，成为对社会有用的人。

"忘不了露天电影院的水泥凳，忘不了60岁的女老师坚持在周口店用心教学生分析每一块岩石，忘不了和本科毕业论文导师董月华为一个问题而争执的经历，忘不了一整个冬天就穿一双球鞋的简朴生活。"提起母校，陈海记忆的闸门一下子打开了，艰苦朴素的大学生活，历练人的品质和意志。他说，也恰恰是这样的环境，让学生们把全部的精力都放在学习和研究上。

在母校的4年，陈海不仅学习到了扎实的地质知识，也培养了学习能力和自信。对陈海来说，母校就像第二个家，大学毕业后，他不仅在工作期间先后到母校在职攻读硕士、博士学位，同时与母校多次展开合作，并于2017年正式成为中国地质大学校友会广西校友分会会长，为母校发展献出自己的光和热。

发挥专业特长　开展创新创业

1989年从母校毕业后，陈海被分配到广西壮族自治区第四地质队，从此一头扎进野外找矿与勘查工作中。

凭借出色的地质专业知识与坚韧的毅力，在广西凤凰山银矿找矿过程中，陈海发现了广西第一大、中国第三大的独立型银矿床，主持提交了《广西隆安县凤凰山矿区15~36线地段银矿勘探报告》，并获得原地矿部地质找矿三等奖。1996年，在广西的一个边境小镇，陈海带领一个普查组仅经过一个月突破常规的找矿“攻关”，就发现了好几个地质队都没有勘探到的小型金矿，开挖出800多千克黄金，为当地经济建设做出了巨大贡献。凭借扎实的专业功底，1999年调入广西地质调查研究院从事相关管理与研究工作。

在取得一些成绩后，陈海没有因此满足。在广西地质调查研究院工作期间，与其他人合作主编了《广西1∶50万成矿系列图》，合著了《广西云开地区成矿地质条件及成矿区划》，负责编写了《广西十二五矿产资源规划》等。就这样，陈海一步步从一个普通的地质队员成长为普查组长、项目负责人、技术负责人、主任、院长，在广西这片丰饶的大地书写华丽篇章。

2007年，陈海开始创办广西南宁榜样矿业（集团）咨询有限责任公司。经过十多年的发展，该公司已发展成以矿产勘察为主，集矿业投资、矿产品经营、能源咨询、科学研究等业务于一体的综合性跨地区的一流品质、一流服务的具有较强竞争力的勘察施工、矿山开采、矿产品贸易的企业，形成了立足广西、面向全国、拓展海外的战略格局，是南宁市工商业联合会平南商会执行会长单位，连续多年被各级政府、社会组织评为“优秀企业”“特殊贡献企业”等。

投身社会公益　彰显家国情怀

出身农家的陈海深知，自己成长的每一步都离不开周围善良人们的帮助。他的心中早早就埋下了一粒感恩的种子，要感恩家乡、反哺母校、回报社会。

在本科毕业的第二年，陈海在工资只有60多元的情况下，就在老家组织成立了奖励读书的基金会，和叔叔一起共掏出200元，当年募得全部资金3 000余元，用来奖励成绩优异的学生。2015年，陈海为平塘小学重建捐出10万元，并为家乡修路积极捐款。同时，持续为国家级贫困县巴马瑶族自治县西山乡弄峰小学、戈贤小学等开展爱心助学活动。

陈海开展爱心捐赠

从创办企业开始，陈海就带领企业投入公益事业。2008年，汶川地震发生后，虽然企业刚刚起步，举步维艰，但陈海依然拿出2万元支援灾区。对于关乎广大群众稳定安全的家乡“天眼”工程，陈海义无反顾地掏出80多万元用于采购仪器设备。陈海觉得这是一件很值得做、很有意义的事情。陈海也获得“天眼”工程建设突出贡献个人奖，企业多次获“爱心企业”等荣誉称号。

2012年，陈海向母校捐出50万元用作地球科学学院大学生创新基金。在成为中国地质大学校友会广西校友分会会长之后，他更是带领校友们开展了一系列活动：承办了2018年“全桂矿业杯”第一届全国重点高校广西校友篮球联赛；2017年带领广西校友积极参加广西精准扶贫脱贫帮扶活动，广西南宁榜样矿业（集团）咨询有限责任公司作为广西自然资源厅驻巴马瑶族自治县扶贫后援单位，常年参加企业帮扶、产业扶贫活动。

十多年来，陈海常怀爱党爱国的赤子之心，在捐资助学、帮扶脱贫、建桥修路等方面奉献了数以百万元的爱心。特别是近两年，更是以直接的行动做到精锐尽出、精准帮扶，获得各级政府部门的高度评价。

“我们产业扶贫通过解决当地群众的贫困问题来增加就业，为他们脱贫致富做出努力。”年过50的陈海依然精神抖擞，为他的企业梦、扶贫梦继续努力。他表示，将继续深入开展脱贫攻坚、精准扶贫、产业扶贫工作，积极参与“千企帮千村活动”，践行企业的社会责任。

（**资料来源** 地大之声）

张泽伟校友荣获“2018年度供应商名人堂奖”

2019年3月14日，学校地球科学学院1985届硕士毕业生、1988届博士毕业生，学校“frictionone经管奖学金”设立者、捐赠者，摩擦一号董事长张泽伟应邀参加美国客户世界最大采购集团 Federated/Pronto在佛罗里达奥兰多迪士尼度假中心（Coronado Springs）举行的年会。

一起受邀的还有全世界几百家巨型公司，包括雷贝斯托、菲罗多、奔德士、阿基波罗等知名品牌。去年，摩擦一号在达拉斯年会上，于数百家欧美日韩著名大公司里脱颖而出获得了“最佳供应商奖”。今年，摩擦一号的掌舵人张泽伟博士秉承诚信至上、仁义为本、品质第一的价值经营理念，致力于为客户提供更有价值的咨询和服务，在此次全球供应商众多精英领导者竞争（PK）中，斩获了几年才有一

▲ 张泽伟与学校签署捐赠协议

▲ "供应商名人堂"奖杯

个的、最具分量的奖项"供应商名人堂奖"。

这个奖项证明了摩擦一号的研发能力、产品质量、新品开发能力、交货率、性价比、服务专业度和公司信誉在全球刹车片行业里已达到了一流水平！

企业简介

▲ 张泽伟在"供应商名人堂奖"获奖现场

摩擦一号制动科技（仙桃）有限公司，全资控股瑞阳汽车零部件（仙桃）有限公司，于2004年8月由董事长、张泽伟博士在故乡——湖北仙桃工业园投资创建，公司设有冲压厂、精密冲压厂、盘片厂、鼓刹厂，主要生产汽车盘式刹车片、鼓式刹车片等相关汽车零部件。公司采用国际上最先进的技术、工艺和管理办法，专注于国际国内汽车后市场品牌服务，是辉门、博世、Autozone（汽车地带）等世界知名企业的供应商。历经十余载发展创新，摩擦一号的产能与品牌影响力迅速扩张，可年产盘式刹车片1 500万套、鼓式刹车片600万套，生产品种超过2 800个，90%以上畅销北美、欧洲及亚洲部分国家和地区。

［**资料来源** 摩擦一号制动科技（仙桃）有限公司］

校友侯启军任中国石油总裁

2019年3月21日，中国石油天然气股份有限公司(简称“中国石油”)董事会宣布，根据中国石油董事会2019年第一次会议决议，一致同意通过《关于聘任公司总裁的议案》，同意聘任学校1988届校友侯启军为中国石油天然气股份有限公司总裁，2019年3月21日起生效。

侯启军，男，汉族，山东章丘人，1966年11月出生，教授级高级工程师，理学博士，中共党员。在中国石油天然气行业拥有近30年的工作经验。

1988年获中国地质大学(原武汉地质学院)石油地质勘查专业学士学位。

2002年获吉林大学矿产普查与勘探专业硕士学位。

2006年获中科院研究生院构造地质学专业博士学位。

2002年10月起任大庆油田有限责任公司董事、副总经理、党委委员。

2004年10月起任吉林油田分公司总经理、党委副书记。

2007年7月起兼任吉林石油集团有限责任公司执行董事、总经理。

2011年9月起任中国石油天然气股份有限公司天然气与管道分公司党委书记、副总经理。

2011年11月起兼任中国石油天然气股份有限公司天然气销售分公司副总经理。

2012年3月起兼任北京油气调控中心主任。

2013年11月起任中国石油天然气股份有限公司规划计划部总经理，兼中国石油集团规划计划部总经理。

中国石油天然气股份有限公司
关于聘任公司总裁的公告

特此公告。

▲ 侯启军被聘任为中国石油天然气股份有限公司总裁
图片来自中国石油官网(http://www.petrochina.com.cn/petrochina/gsgg/201903/4b2c3b50b3ce4cd3b0dd11b79719538d/files/28f995498d3a4fc1847b3980fd6f498e.pdf)

▲ 侯启军

2017年3月起任中国石油集团副总经理。

2017年4月起兼任中国石油天然气股份有限公司勘探与生产分公司总经理、党委副书记。

2017年6月起被聘任为中国石油天然气股份有限公司执行董事、副总裁。

校友李鑫:地学科普产业化的探路者

打开"脚爬客"App,搜索地学博士李鑫的"脚印",几乎每次都能看到他在各大世界级或者国家级的地质公园里,与众多科普志愿者一起探索地学的奥秘,足迹覆盖大江南北。

这款由李鑫创立的国内首家专注于地学科普自然体验网络社区里,汇集了数万名地学科普、自然教育的爱好者,还有数以千计的专业科普志愿者。仅去年一年,他们就开展了数百场地质公园科普活动。

▲ 李鑫

一次畅谈吸引了多位地质公园负责人

"地球太奇妙了,太多的地理科学等着我们去研究、体验和分享。"打小就迷恋大自然的李鑫,喜欢登山、徒步、游泳,甚至每两年都会喜欢上一个新的户外运动,为的就是从不同的领域去研究大自然。

在中国地质大学(武汉)读本科和研究生时,李鑫选的都是地质工程方向。研究生二年级那年,他甚至跑到了内蒙古自治区阿拉善盟额济纳旗,在西北大漠里待了整整一年,去戈壁滩采样做实验,研究黑河古河道调水后的生态治理。

2011年,李鑫辞职回到母校攻读环境地质方向的博士。他所在的课题组开始涉足地质遗迹保护开发和地质公园领域。他也多次奔赴广西、山西、福建等地,参与了当地地质公园项目的申报、规划和建设工作。

地质公园项目最初由欧洲发起,旨在促进地球生态地质保育及人类生存发展。在北京召开的第一次世界地质公园年会上,李鑫发现,国外的地质公园建设不仅与自然环境结合紧密,还要求开展一系列科普活动,让每一个当地人都了解地质公园，推动全民科普。

结合项目经历和个人研究，李鑫在一次全国地质公园工作交流会上畅谈自己的思考，没想到，一下子吸引了好几位地质公园管理负责人前来“取经”。

“地质公园在国内发展时间不长，很多地方缺乏指导，他们不了解如何建设、怎样升级。”为了给予对方细致专业的解答，李鑫搜集资料并结合项目经验，带领课题组分门别类整理出了100多个文件夹，免费提供给有需求的地质公园负责人。

▲ 李鑫的主页

随着交流的深入，大家发现一对一的邮件交流，效率太低，信息更新也慢。李鑫产生了一个新想法：“何不建立一个网站，将资料和信息及时上传更新，为地质公园管理负责人搭建行业交流平台，让他们能够快速下载使用？”

说干就干，一个面向全国的地质（矿山）公园，免费提供技术支持、行业资讯、地学科普、公园宣传推广的公益性网络平台搭建起来，取名为“地质公园之家”，并通过微博、微信等新媒体手段向公众推介。

将研究课题升级为创业项目

李鑫和“地质公园之家”良好的口碑，很快被业内人士所熟知。

地质公园的申报建设需要有科研论文、调查数据、对比研究等地质科学研究支撑，涵盖地质、生物、人文等多方面的专家，国内的地质公园建设和国外相比差距较大。

国外的地质公园有哪些经验可以借鉴？中国的地质公园发展方向在哪里，如何因地制宜？李鑫开始从产业的视角去思考中国地质公园的未来。

彼时正逢湖北省出台相关政策，鼓励在职科研人员、高校博士生创业，李鑫决定将研究课题升级为创业项目。

他拉上一位同学合伙，成立武汉地学之旅信息技术有限公司，并注册地质公园之家商标。还根据地质公园英语单词Geopark的音译，提出“脚爬客”这一理念，倡导人们爱护地球、推动地质保育。

▲“地质公园之家”活动照片

为了搜集“地质公园之家”的各类资料，李鑫去加拿大、澳大利亚、中国香港等地参加学术会议时，特意观察当地的地质公园科普模式。

考察香港世界地质公园时，李鑫待了两个多月。他看到，即使修一条路，当地也会作详细周密的规划、论证，尽可能保护原貌，减少对大自然的侵扰。

此外，香港世界地质公园的资料会以视频、PPT等信息化方式呈现出来，公众能免费下载学习。公园还配备了经过科学培训的“自然导赏员”，定期开设“常规导赏活动”，地学科普做得特别细致。从小学生到大学生，都能讲一些地学知识，很震撼。

对比之下，李鑫意识到，国内的地质公园科普推广大有可为。

恰巧在当年，广东省丹霞山世界地质公园管理委员会的负责人主动找到李鑫，想请他帮忙招募一批地学科普志愿者。以前，丹霞山世界地质公园招募的志愿者，大都局限于本省，并且非地学专业。地学科普推广的难题，一直困扰着他们。

李鑫通过“地质公园之家”多渠道发布了招募信息，一下子收到来自北京大学、武汉大学、中国地质大学等全国知名高校的300多张报名表，涵盖地质（构造、矿物、古生物、化石、天体）、植物、昆虫、动物、鸟类、鱼类、户外运动、传媒、影像等多个专业和职业的地学旅游爱好者。

这一结果大大超出了丹霞山世界地质公园管理委员会负责人的预期。双方一拍即合，选出30名科普志愿者，联合举办了“2014丹霞山科普志愿者训练营活动”。

科普志愿者发挥各自专业优势，给山川河流摸底画像，分析生物多样性，调查人文历史，根据考察记录绘制研学旅游线路，形成了详细的科普报告。

大家还利用新浪、搜狐、知乎等网络媒体传播科普日记，吸引游客前往观察体验。这一创新模式受到丹霞山世界地质公园管委会的高度赞赏，也让李鑫的团队收获了项目的“第一桶金”。

2015年7月，丹霞山再度与“脚爬客”联手。

在第二期丹霞山科普志愿者训练营中，李鑫结合往期的经验调整实训任务，有地质遗迹、生物多样性科普讲座，实地考察科考线路，采集植物标本，绘制丹霞地貌演变图、丹霞岩层剖析图等，增加志愿者的地质科普知识和体验。

“沉积岩是地球的‘日记本’、云南石林是拔地而起的‘黑森林’、丹霞地貌是大自然的印象派画作……”李鑫说，科普就是要用通俗易懂的方式，将当地自然人文历史通过一个个生动的科普故事得以展现，要接地气。

2017年，“脚爬客”携手国家地质公园网络中心主办的“首届最美地球印记”国家地质公园摄影大赛，获得百万人次关注。

李鑫打造的“科普志愿者训练营活动”相继入选“国土资源部科普示范活动”。2018年4月，他带领团队出版的原创科普书籍《地学真好玩儿》被评为“自然资源部优秀科普图书”。

作为国内首个地学科普App，“脚爬客”涵盖地质公园智能导览、地质公园脚印、地质公园游记等功能，为自然保护地提供申报、规划、建设、咨询以及训练营、校园行、科普云等科普服务。

浙江雁荡山世界地质公园、河南王屋山—黛眉山世界地质公园、九华山国家地质公园……“脚爬客”的科普创新模式，引来了全国多家地质公园的青睐。

他告诉《中国青年报·中青在线》记者，目前，“脚爬客”已先后与200多家地质公园达成战略合作，在重庆、广东、山东、甘肃等省打造出500多条地质科普旅游线路。

除了给自然资源保护地提供传统的咨询申报服务，李鑫团队充分利用“地质专业知识+互联网”，在活动中挖掘当地的科普价值。“比如当地对从地质公园申报到科普形象宣传、志愿者招募、公园科普解说、科普信息化，每年都会有更新的需求。”

围绕地质公园申报咨询、科普训练营、科普教育等几大业务板块，去年“脚爬客”平台年营业收入近2 400万元。

此外，团队承担了30余项自然保护地申报规划建设服务项目和百余项自然保护地线上线下科普服务项目，招募了25 880名地学科普志愿者，举办了118场地质公园科普校园行讲座，与全国102所高校建立了合作关系。

▲ 李鑫在野外

李鑫举例，团队先后组织专家及志愿者仅在丹霞山世界地质公园就开展了10多次科普，帮当地开发出20多条地质科普游玩路线。

▲ 李鑫的主页

连续3次参与创业总结出“创之道”

成功的背后没有太多偶然。创立“脚爬客”之前，李鑫有过多次创业经历。

2006年，李鑫参与了一个升学的教育项目，老板看中了他的业务开拓能力，一次性给出30万元，让他去北京创立分公司。半年时间，李鑫拿下河北、内蒙古等北方5省的市场。可不久，因为觉得行业和所学专业相差较大，他选择离开。

2007年，他加入地大一家做非金属矿物加工的产学研企业。两年多里，由于公司的技术专家侧重于科研，对产品质量没有严格把关，企业经营不善，导致巨额亏损，李鑫被迫辞职。

2009年，一家做浅层低温能开发的校友企业力邀李鑫加盟，可这个产学研项目融资需求太大，后续投资无法跟进，经营不下去，他只得退出。

“创业就是找对人、说对话、干对事”，连续3次参与创业，李鑫如是总结自己的“创之道”。

“带头去跑市场，是初创期创始人的首要任务，一定要坚持。只有业务上的‘攻城拔寨’，才能给团队带来信心。”李鑫在北京创立的分公司，一年为总部贡献几十万元的利润，但算上他在内，分公司一共就两个人。

后来参与非金属矿物加工的创业项目，李鑫注意到，由于公司技术负责人是高校教授，日常精力集中于科研，无法兼顾产品质量。本来非常看好的这个项目，在运转到第十个月时，市场就开始预警。

“初创期对产品质量把关尤为重要，要在行业内打造出自己的产品标准，在垂直领域细分市场做到第一才有机会。”这位地学博士说。

（**资料来源**《中国青年报》脚爬客App 转自地大之声）

冯新亮校友当选欧洲科学院院士

2019年，欧洲科学院（EURASC）传来喜讯，学校2001届校友冯新亮当选欧洲科学院院士。

冯新亮1980年生于安徽歙县，1997—2001年就读于中国地质大学（武汉）材料与化学学院（简称“材化学院”），在本科期间就表现出了优异的学习能力与勤劳的

▲ 冯新亮当选欧洲科学院院士

良好品质。据材化学院当时的任课老师回忆，冯新亮在本科期间曾担任班级学习委员，在当时的四大化学之一的“有机化学”学科中考取了班级最高分，至今仍叫人印象深刻。

同时，在何明中老师所教的“物理”“化学”课程中，他也取得了十分优异的成绩。在本科阶段，冯新亮获得了推免保送的资格，但他仍凭借自己的努力，考取到上海交通大学进行硕士阶段的学习深造。凭借着对于学科独到的思考与理解，以及十年如一日的踏实与勤奋，冯新亮校友取得了如今辉煌的成绩，这种精神值得地大人学习。

冯新亮现任德国德累斯顿工业大学讲席教授和上海交通大学教授。此次获评的欧洲科学院院士，是隶属于欧洲科学院材料科学部的院士。因在石墨烯研究领域的突出贡献，他与德国科学家克劳斯·米伦共同分享德国2017年度汉堡科学奖。

2019年3月22日，*Nature Chemistry* 以“*Charting a course for chemistry*”为题发表了纪念创刊10周年的专题论文。该杂志特邀了全球50余位知名化学家共同撰文，提出化学各领域的挑战性问题，为面临的重要挑战及其演变方式提供具有指导意义的蓝图。

冯新亮受邀为署名作者，提出合成化学领域的挑战性问题。他认为：合成化学的一个主要目标是开发有助于应对当前社会挑战的变革性物质材料，从而可以更多地使用可持续能源、智能制造或健康信息学。这种材料的成功合成将用于传输电子、自旋、离子和光子。具有神秘物理或化学性质的新型凝聚态物质一直是化学合成的目标。

（**资料来源　地大那些事**　上海交通大学化学化工学院）

熊友辉校友荣获2018年国务院政府特殊津贴

根据人力资源和社会保障部《关于公布2018年享受政府特殊津贴人员名单的通知》，学校1994届校友熊友辉获得了国务院政府特殊津贴。

人物简介

熊友辉，1971年生，汉族，中共党员，博士，教授级高级工程师，湖北省有突出贡献中青年专家。毕业于中国地质大学（武汉）资源学院煤田矿产勘查专业。现任武汉四方光电科技有限公司董事长兼总经理，中国科学技术协会第九次全国代表大会代表。主持国家级、省部级项目30余项。获专利80项，其中湖北省专利奖项1项。

国务院政府特殊津贴是中华人民共和国国务院对于高层次专业技术人才和高技能人才的一种奖励制度。这是党中央、国务院为加强和改进党的知识分子工作，关心和爱护广大专业技术人员而采取的一项重大举措。这对于进一步营造“尊重知识、尊重人才”的良好社会环境，加强高层次专业技术人才队伍建设发挥

▲ 人力资源和社会保障局网页截图

▲ 校友熊友辉

了重要作用。

国家每2年选拔1次享受政府特殊津贴人员。对经批准享受国务院政府特殊津贴的人员，国务院授权人力资源和社会保障部颁发政府特殊津贴证书，由国家一次性发放人民币20 000元，免征个人所得税。

（资料来源《长江日报》）

阮明校友荣获第二十五届“海南青年五四奖章”

2019年4月27日，共青团海南省委员会公布“五四”表彰名单，学校2004届校友阮明荣获第二十五届“海南青年五四奖章”。

▲ 阮明

阮明，男，汉族，1983年9月生，中共党员，中国地质大学（武汉）水文与水资源工程专业毕业，高级工程师，现任海南省地质调查院水环处副主任、党支部书记。

他在工作中作风朴实，勇挑重担，敢于创新。2011—2016年，为支撑海南国际旅游岛建设，中国地质调查局实施了“海南国际旅游岛水文地质工程地质调查评价”“海南文昌航天城地质环境综合调查”等一批重点项目，阮明作为项目负责人组织项目实施。通过历时5年的调查研究，项目在应急水源地、缺水区供水安全保障、海岸带地质环境保护等方面取得了一系列重大成果，其中1项成果纳入了“中国地质调查百项成果”。

（资料来源 海南共青团）

翁新强校友获2019年“湖北青年五四奖章”

在湖北团省委、省青年联合会组织开展的2019年“湖北青年五四奖章”评选活动中，学校经济管理学院2012届工程管理专业毕业生翁新强获此殊荣。

翁新强，男，汉族，1988年11月生，中共党员，大学本科学历，现任郧西县湖北口回族乡小新川村党支部书记。

主要事迹：2012年大学毕业成为一名大学生村官，扎根鄂陕边陲的少数民族地区扶贫一线，带领汉回两族群众发展五味子产业。4年来，先后为308户贫困户免费提供五味子种苗及必备物资，并带动湖北口回族乡周边鄂陕两省三县、18个乡镇、1 043户群众，发展五味子基地3 500余亩，累计实现销售额1 200余万元，带动700余户群众增收脱贫，户均增收12 000元以上。先后获“全国扶贫先进个人”“全国农村青年致富带头人”等荣誉称号。

▲ 翁新强进行演讲

（**资料来源** 湖北共青团）

简宏道校友所著图书入选自然资源部2019年优秀科普图书名单

2019年4月19日，自然资源部公布了2019年优秀科普图书名单，学校简宏道校友编写的《迷漾的宝石珊瑚》位列其中。

该书以通俗易懂的语言，介绍了珊瑚的保育及构造、宝石珊瑚的分类、采购、鉴定及保养等知识，填补了近些年宝玉石科普图书在珊瑚这一领域的空白。近年来，简宏道所带领的团队与澳洲大学宝石研究所展开合作，将最新、最全的珊瑚学名的界定展示出来，让更多人了解了目前宝石珊瑚的最新分类，其中不乏一些还未被学界所发现的珍贵品种。

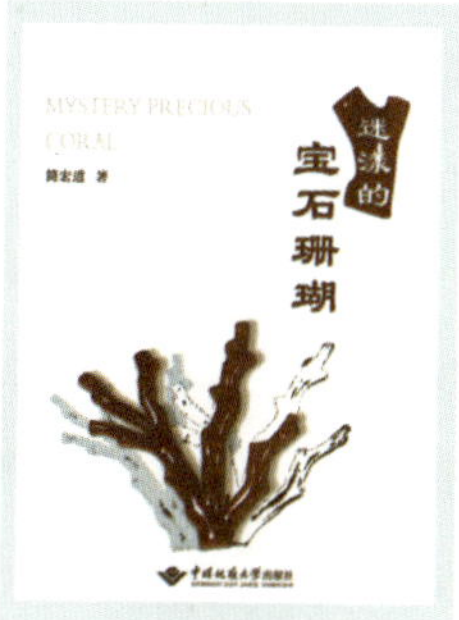

▲ 简宏道校友编写的《迷漾的宝石珊瑚》

▲ 带盘岩的Mido珊瑚原枝

（**资料来源** 中国地质大学出版社）

齐怀远校友荣获2019年“武汉市青年五四奖章”

2019年，学校经济管理学院2013届工程管理专业毕业生齐怀远荣获“武汉市青年五四奖章”。

▲ 齐怀远荣获“武汉市青年五四奖章”

齐怀远现任上汽通用汽车有限公司武汉分公司设施运行经理、基地团委委员。他热心公益，积极参与国际大型体育赛事志愿服务与志愿者管理，先后参与服务广州亚运会、深圳世界大学生运动会、俄罗斯索契冬季奥运会、意大利米兰世博会、挪威冬季青年奥运会、日本亚洲冬季运动会、韩国平昌冬季奥运会及俄罗斯世界杯等大型综合性赛会，志愿服务时长超过1 000h。他是武汉世界军人运动会赛会志愿者培训专家，先后服务培训17所高校12 000名军运会赛会志愿者，参与武汉世界军人运动会志愿者岗位方案策划，参与编写《武汉世界军运会赛会志愿者通用培训手册》。

齐怀远曾获评学校优秀本科毕业生，共青团中央、全国文明办第九届全国优秀志愿者，共青团中央、全国学联2011年度中国大学生自强之星奖学金，2011年湖北省大学生年度提名人物，2010年湖北省优秀志愿者等。

（**地大之声　通讯员**　柯小玲）

校友方金云：科技界最懂反腐的人

方金云，生于1967年12月，学校资源学院矿床地质学专业1990届毕业生，现任中科院计算技术研究所计算机应用研究中心博士生导师、纪检监察大数据课题组组长，研究方向为空间大数据分析、电商大数据分析、纪检大数据分析、智能搜索引擎等。

爱国情　奋斗情

周日清晨，中科院计算技术研究所（简称“中科院计算所”）的大楼十分安静，该所计算机应用中心研究员、博士生导师方金云不到8:00就坐在办公室，开始一天的工作。

但方金云眼里并非只有工作，做羹汤是他的爱好之一。“我家里有两个宝，大宝是我爱人，二宝是我女儿。”方金云有些骄傲，每次只要他下厨，饭菜必定被吃得精光。

▲ 方金云

方金云还喜欢写诗。走路、坐地铁或在公园漫步，一想到好句子，就立马记下来，这被他称为“在生活中寻找那灵机一动”。

这样的人，很难跟“腐败”挂上钩。在中科院计算所，方金云研究的是海量空间信息处理技术。但实际上，过去5年，他一直低调地做一件事——与地方纪委合作打造大数据反腐系统，从碎片化的电子政务大数据中发现疑似腐败问题的线索。

大数据监督平台建立后，辽宁省沈阳市纪检监察部门一天就能用它筛查出8万余条线索。从数量来看，工作效率提升了约3 000倍。如今，大数据监督平台已成沈阳市纪检监察工作的最强利器。

利器的锻造人，正是方金云。

用5种方法寻找腐败现象

2011年，方金云开始进行大数据反腐方面的理论研究。不久后，他便得到一个实战机会——协助湖南省怀化市麻阳县纪委打造“互联网+监督”平台，监督民生资金去向。

受此启发，沈阳市纪委也开始打造大数据监督平台，由方金云担任技术负责人。他的主要工作是采集分析数据、构建模型、发现腐败线索，然后向相关部门提供监察建议，由地方纪委督促整改。

方金云团队主要运用5种方法：关系图谱分析法、数据叠加分析法、数据规则分析法、数据碰撞分析法、行政痕迹分析法。截至目前，他们共研发出313种算法、超290个模型，可发现10多种腐败现象。

他们曾对几十名行贿人员进行特征分析并建立模型。运用该模型后，他们在

3个区县发现6 000多人符合行贿人特征，其中高度契合的有400余人，为当地纪委提供了大量线索。

“监督是一束光，照亮社会的暗角。”方金云认为，大数据监督是“第五种监督形态”，也是一种更长效的监督形式。

从麻阳县转战沈阳，大数据监督平台的应用从民生资金领域逐渐扩展到工程、社保、医保等领域，方金云所要面对的事情也因此变得更复杂。在构建模型时，他的团队需要与不同部门打交道，作为技术人员，对党政业务不熟，就要从零开始学习。

“纪委与技术团队合作，这本身就无先例可循。”好在，沈阳市纪委抽调了一批业务骨干，帮助方金云团队熟悉工作，还给他们留出一层楼，方金云团队30余人就驻扎在那里办公。

还有一个难题是，监督打破了一些人的舒适区。一些部门担心隐私被泄露，所以不配合信息采集工作。

为能拿到相关数据，他们和相关部门工作人员花了大量的精力和时间。不过，即便有再多波折，方金云也觉得值得，因为他坚定了一个信念：“大数据监督系统是一把正义之剑，追回了老百姓的钱；同时，它也是一柄悬梁之剑，提醒干部不要犯错，是对他们的保护。”

不计名利付出全部心血

“官员需要监督，就如同树苗的成长需要修剪。不砍掉杂乱的小树枝，它就是一丛灌木，永远趴在地上。”方金云想得通透，也做得用心。

早上8:00前到办公室，晚上12:00后离开，没有周末，这是方金云的日常。由于长时间驻扎在沈阳，回北京反被他称为“出差”。

大数据监督平台凝聚了方金云几乎全部的心血。不过，他反复强调：“这些成绩都是团队的功劳，我从来没有单打独斗过，要感谢我的英雄团队。”

大数据监督平台从无到有，方金云认为，这有赖于反腐形成的高压态势，同时也离不开一批愿意干实事的科学家。

不过，由于涉及领域特殊，他们的研究成果有些不适合公开发表。项目报送了今年的某个科技奖项，但因为材料不够充分，在网评这一关就被刷掉。

“这是小事，奖励是身外之物。而且团队成员还有其他发展途径。”方金云说，在沈阳的一年半，他们为当地提供了十几万条疑似腐败的线索，1万多名干部主动交代问题，大家很有成就感。今年5月，方金云收到一条信息：方老师，您是沈阳人的白求恩。

“科研为国分忧，创新造福人民。”这是中科院计算所的所训，方金云对此很认同：“社会一乱，老百姓就会跟着遭殃。而且，这还涉及到国家形象。”

这份担当，源自他对国家的感激。出生在农村、上免费学校、做喜欢的工作，方金云感恩自己得到的一切。他感慨道：“拿国家的钱做科研，是件很奢侈的事，科学家有责任、有能力、有义务让国家变得更好。”

做大数据监督平台这几年，一些熟人开始和方金云疏远。出门前，家人常叮嘱他“要小心”。但方金云说：“总得有人用技术手段去梳理反腐问题，总得有人做出牺牲。”

而且，他觉得做得还不够，认为模型中有些科学问题还有待解决。他列了一串待完成事项：下半年要完成9个部门的数据模型、筹备一场大数据监督方面的国际论坛、建立社会监督信息学学科、推动国家监督信息中心建设……

放弃无量前途“跨界”计算机

为他人着想，是方金云为人处世的原则，这得益于父母的言传身教。“我的父母温柔谦和，从不打骂孩子，兄弟3个也不争不抢。”他说。

小时候方金云很调皮，曾去村里大队偷吃瓜果。被发现后，队长就会点他父亲的名：“方家的二娃今天偷吃苹果了。”父亲说了方金云几句，但不会对他一顿暴打。因为父亲理解，那是一个特殊的年代，家里穷但孩子们馋。

父母常对方金云说，吃苦是一种福报。而方金云吃的最大苦就是“跨界”。

实际上，方金云最开始学的是地质学，和计算机没有直接关系。1990年从武汉地质学院（现中国地质大学）毕业后，他被分到位于山东的莱州金矿从事地测工作。3年后，他考回原校攻读硕士和博士学位。

1999年，他顺利进入中科院地理科学与资源研究所（简称“中科院地理所”）资源环境信息系统国家重点实验室，从事并行遥感数据处理方向的博士后研究工作。

机缘巧合，他来到中科院计算所参与一个合作项目。项目结束后，方金云想留下来专门研究计算机，“因为很喜欢”。

但这一决定受到各种阻拦。大学导师和中科院地理所的前辈都劝他，跨学科很吃亏。而且，当时方金云是国内做成矿过程数值模拟研究的第一人，前辈们认为，只要深耕下去，前途无量。

方金云却坚持内心的想法。2001年，他如愿留在中科院计算所。没有资源和人脉，一切都要重新开始。为尽快适应新工作，方金云几乎不眠不休，在实验室住了整整3年。

直到今天，方金云依然是实验室里来得最早、走得最晚的人。

“只要我想做的事，一定能做成。如果没有做成，那一定是方法不对。我会反思，会继续努力。”在方金云眼里，大数据监督不是项目，而是事业。他希望更多年轻人能参与进来。

“我把自己‘嫁’给了工作，陪家人的时间太少了。”他期待早日完成任务，“那时我就可以光荣退休，天天写诗了”。

（**资料来源**《科技日报》）

校友欧阳自远：国家的需要，就是我的选择

《人民日报》2019年8月26日20版“副刊”，在“我和新中国”栏目，刊发了地大校友、中科院院士欧阳自远的文章《国家的需要，就是我的选择》。文章中，他回忆选择地大、研究地学和科普传播等内容。文章饱含深厚的家国情怀，读来令人动容。全文如下。

国家的需要，就是我的选择

欧阳自远

▲ 欧阳自远

成长在新中国，我感到十分幸运。是国家的需要引导和培育我成长，塑造了我的人生，我的内心充满感恩的情怀，感谢伟大的祖国！

1935年我出生于江西吉安。高中毕业时，我正在思考和选择未来的专业方向。当时，国家提出：

我们将要建设一个工业化的国家，最缺的是矿产资源和能源。国家号召："年轻的学子们，你们要去唤醒沉睡的高山，让它们献出无尽的宝藏。"我就是被这一句话深深打动，下决心报考地质学专业，去找矿，为祖国的工业化事业添砖加瓦！

国家的需要，就是我的选择。虽然我最喜欢的是天文学和化学，但仍下定决心报考地质专业。我是家中独子，长期的战乱环境和颠沛流离的生活，使父母都希望我学医，传承家业，当一名医生，过一个安稳的小康生活。我违背了他们的意愿，但他们还是尊重和支持了我的理想。

1952年，我参加新中国成立后第一次高校招生全国统一考试，被录取在刚刚成立的北京地质学院金属与非金属矿产勘探系。通过4年学习，对于找矿勘探和地球科学打下了一个比较坚实的基础。毕业之后，学校动员我参加全国第一次副博士研究生统考，我被录取在中科院地质研究所矿床学专业，随后留在地质所从事研究工作。我初步实现自己的理想，从一个医药世家传人变身为一个"地质人"，成为一个"挖地球"的专业人士。

当时，我主要从事长江中下游铁、铜矿床成因与找矿方向研究。我孤身一人跑遍长江沿岸的各种矿井。每天清早，带一壶水、两个馒头上路，下到深深浅浅的矿井坑道里，观察矿脉，描述岩层，采集样品。每次还要带相机下去拍照。当时没有闪光灯，用的是镁光灯，照一张得炸掉一个灯泡。我每次拍照前都反复选择角度，以求每炸掉一个灯泡，都能换回一张有科研价值的照片。天天跋山涉水，确实又苦又累，但回想起来，这些辛苦都是值得的、有意义的。

1957年，正当我在坑道里奔忙的时候，苏联发射了第一颗人造地球卫星，带给我极大震撼。我们找矿探矿，就像一只蚂蚁，在地球上爬来爬去，效率太低。如果用人造卫星找矿，很快就能调查得比较清楚。人造卫星对人类社会的科技进步、经济发展和提高人们生活质量，将发挥巨大的作用。

那个时候，美国和苏联开展月球探测，拉开一场激烈的经济、科技和军事竞争。当时我们的新中国成立不到10年，百废待兴，一穷二白。但我坚信，中国一定会走进空间时代。当时我就想，我们年轻人能不能为迎接中国空间时代的到来，作一些科学上的准备，让中国的空间时代来得更快一些、更顺一些？

之后不久，我们开始系统分析研究美、苏探测月球的实施步骤和探测成果，并且结合中国的实际，思考和研究中国开展月球探测的发展战略与长远规划。另一方面，开展各类地外物质研究。因为我们觉得，想要更系统、全面地认识地球，就应该“跳出”地球看地球，从更宏观的角度进行考量。于是，我开始专注于对太阳系空间的陨石和宇宙尘的研究。

陨石是很神奇的石头，是构成地球的初始物质，是孕育生命起源的胚胎，也是观察和研究太阳系的“窗口”。我们收集降落在中国的各类陨石，进行实验室系统研究，逐步在中国建立起相关实验室，培养了一批从事陨石学、天体化学、月球科学和行星科学的科学队伍，不断发表和出版相关文章和书籍。1958年，广西南丹县的小高炉对有些铁矿石不能熔融，当地技术人员到北京的中科院地质研究所请教，经鉴定，我们确认这些铁矿石是铁陨石。铁陨石具有特殊的金相结构，是在小行星的核心部位经高温冶炼后形成的合金钢。

1976年，中国降落一次世界最大规模的陨石雨——吉林陨石雨，中科院和各高校组成由我负责的联合科学考察队，发表了100多篇研究论文和2本专著。经过多年的探索，我在国际上首次提出吉林陨石多阶段宇宙线暴露模式和吉林陨石形成演化模式。目前，在陨石学研究领域，这已成为经典模式，被各国科学家广泛引用。中国的陨石学研究，得到国际学术界的称赞。

从1958年到1993年，历经35年的前期准备，我们认为中国有能力开展月球探测，请求国家组织专家评审论证。国家要求首先论证“中国开展月球探测的必要性与可行性研究”，相继进行“中国开展月球探测的发展战略与长远规划研究”的论证，最后进行“中国首次月球探测的科学目标、载荷配置和可实现性研究”的专家论证。1994年至2003年，经专家历次论证，得到了各个专家委员会的一致同意和支持。整个论证过程经历10年。

2003年，国防科工委领导组织全国航天力量，由孙家栋和我负责编写《中国首次月球探测立项报告》。2004年1月24日，国务院批准绕月探测一期工程立项，并正式命名为“嫦娥工程”。继“两弹一星”“载人航天”之后，嫦娥一号绕月探测工程被誉为中国航天发展的第三个里程碑。与以往重大航天活动不同，此次嫦娥工程第一次设立首席科学家的体制，我荣幸地被任命为中国月球探测工程科学应用首席科学家。

中国的月球探测工程相继成功发射了嫦娥一号、嫦娥二号执行绕月探测，嫦娥三号和嫦娥四号实施月球正面和月球背面的落月探测，取得了一系列创新性探测成果，在一部分领域处于世界领先地位。我们下一步还要探测整个太阳系，以及进行行星际的穿越探测。中国进入了深空探测的时代。

中国探月工程的成果获得党中央和国务院的充分肯定，为中国航天事业发展树立了新的里程碑，在人类攀登科技高峰征程中刷新了中国高度。“月亮是地球的女儿，环绕着地球母亲运行。”“嫦娥”探月使月亮彻底记住中国。几千年前，中国古人用瑰丽的想象，在月亮上建立广寒宫，并把嫦娥送到那里生活。根据现行的月球和行星地名命名规则，中国向国际天文学联合会申请，请求将嫦娥三号着陆区命名为“广寒宫”，并于2015年10月获得批准。同时，分布在“广寒宫”外围的一些直径较大的撞击坑，分别以紫微、天市、太微等中国古代星宿名命名。从那以后，所有类型的月球地图，不管国内还是国外的，都得在图面上标注“广寒宫”。着陆队以中国神话故事地名而命名，获得全世界的公认。

自2004年中国宣布将开展月球探测，各阶层公众由于不了解中国进行月球探测的重大意义，提出很多质疑。我深感我有责任和义务向广大公众普及探月知识。每次做完科普讲座，公众都热情地支持中国的探月工程，很多青少年表示将来要做一个科学家，探索浩瀚的宇宙。我感到有一股强大的热流在激励我奋勇前进。

习近平总书记提出：“科技创新、科学普及是实现创新发展的两翼，要把科学普及放在与科技创新同等重要的位置。”做好科学研究是我的职责，提高广大公众的科学素质是我义不容辞的使命。我准备了讲解月球、小天体、火星、太阳系和地外生命等十几种科普报告题目，根据听众的科学文化层次，每一种报告准备了四五种版本。根据2008年至2018年的系统记录：11年中，我一共制作各种类型的公众科普报告617场，现场听众35万多人……有些科普报告与新媒体相结合，听众数量就会成倍增加。这些年我一共撰写和主编的科普书籍有12部，撰写和媒体采访的科普文章共有300多篇。

副刊 20
人民日报
国家的需要，就是我的选择
我与新中国
母亲写“传记”
苍苍古柏道
大地

▲ 人民日报当日版面

现在我国掌握航天主要技术的团队成员都

很年轻，大部分科研人员只有30~40岁，50岁左右的科研人员都已经是总工程师了。我们要支持他们，激励他们不断前进，我们的国家就大有希望。

成长在新中国，我感到十分幸运。是国家的需要引导和培育我成长，塑造了我的人生，我的内心充满感恩的情怀，感谢伟大的祖国！我虽已84岁，但还会继续努力，为建设科技强国和中华民族的伟大复兴做出自己的贡献。

［**资料来源** 中国地质大学（武汉）党委宣传部网络新媒体科］

校友卢禄华：艰苦创业　服务社会

卢禄华，福建永定人，学校机电学院机械设计及制造专业1996届毕业生，厦门三烨传动机械有限公司董事长、海峡物料输送技术交流中心理事长、中国地质大学福建校友分会会长、机械工程专业中级工程师、全国万名优秀创新创业导师，拥有多项个人发明专利与实用新型专利。

卢禄华秉持校训精神，吃苦耐劳，勇于担当；助力母校人才培养，心系教育，服务社会。

卢禄华于2006年创办厦门三烨传动机械有限公司，专业从事散料清洁环保输送，所承接的都是一些大型矿产和火力发电企业项目。坚持可持续原则，以优质技术服务，基于现场的设计，为全球数十个国家、地区的电厂、港口、冶金、化工及煤矿等提供性能卓越的物料运输解决方案。

在散料清洁输送这个细分领域中，厦门三烨传动机械有限公司和学校搭建了高标准深度合作的产学研平台，共建“钻进岩土颗粒及工业粉尘控制实验室”，并以国家级技术创新标准进行建设，填补散料清洁环保输送领域的系统性学术研究和工程创新空白。

卢禄华先后向母校捐赠30万元和25万元，用于学校电梯建设和散料清洁输送技术创新中心实验室改造；设立“厦门三烨奖学金”，用于奖励机电学院、自动化学院优秀本科生和研究生。

卢禄华任福建校友分会会长，组织福建校友分会在校设立“明德教育奖励基金”，是全国首个专门用于奖励母校辅导员的基金。除设立该基金外，福建校友分会还积极为母校开创思想政治工作的校外课堂，卢禄华等校友还组织公益特色夏令营，为校友学子提供体验劳动之美、工业之美、艺术之美和人文之美的平台。

（**资料整理** 旷杰媛 粘婉清 余婷婷）

校友代广涛：把青春和才干献给浏阳

2019年9月12日出版的《浏阳日报》，对学校优秀校友、工程学院2009届毕业生代广涛的先进事迹进行宣传报道。代广涛校友现任浏阳市优化营商环境协调事务中心营商环境评价部部长。他舍小家、为大家，把青春与才干贡献给浏阳的发展。他表示："定居浏阳8年了，这儿已经成了我的第二故乡，为浏阳发展努力奋斗是我应尽的职责。"

代广涛校友于2005年进入学校工程学院土木工程（地下建筑与道桥）专业学习，毕业后进入中铁十二局集团第七工程有限公司工作，后在湖南联智桥隧技术有限公司、浏阳市大围山旅游投资开发有限公司等单位担任重要职务，因表现突出于2019年担任浏阳市优化营商环境协调事务中心营商环境评价部部长。

▲ 代广涛工作照

代广涛夙夜为公，家中虽有90高龄的祖母，但他藏起自己对小家的思念，一心一意为了浏阳人民这个大家全力奉献，把青春与才干献给他的第二故乡。全文报道如下。

【我们的节日中秋·家国】把青春和才干献给浏阳，带着对家乡的思念继续奋斗

浏阳市融媒体中心2019年9月12日讯（记者 潘思荣）"奶奶，您要多保重身体，得空了，孙儿就回来看您。"11日中午，代广涛正在用手机和湖北随州老家的亲人视频聊天。视频的那头，一位九旬老人露出笑脸，目不转睛地盯着屏幕，视线都不愿移开一秒。

看到奶奶期盼的眼神，代广涛的心情十分低落。按照安排，今年中秋节假期，代广涛需要值班。今年，代广涛又不能回到老家过中秋节了，这也是他在异地度过的第十四个中秋节。虽然思念老家的亲人，但代广涛仍打起精神："定居浏阳8

年了，这儿已经成了我的第二故乡，为浏阳发展努力奋斗是我应尽的职责。”

从工地一线转战到机关工作后，代广涛仍然保持着昂扬的斗志，为浏阳的发展奉献青春与才干。他与浏阳结缘8年，将青春与才干献给了这片红色热土。

9月11日上午，在市优化营商环境协调事务中心办公室，记者见到了该中心营商环境评价部部长代广涛。

“跟湖南有缘，跟浏阳更有缘。”说起跟浏阳的缘分，代广涛一下就打开了话匣。2009年，从中国地质大学毕业后，代广涛进入中铁十二局工作。“因为女朋友是浏阳人，毫不犹豫选择来到长沙分公司工作。”代广涛说。

在中铁十二局工作的那段时间，作为隧道技术负责人，代广涛参与了多个国家重点项目建设。“天天在工地上，风里来雨里去，虽然辛苦但很充实。”成家后，代广涛在2011年定居浏阳。

为了更好地照顾家庭，2013年，代广涛应聘到大围山旅游投资开发有限公司工作。栗木桥景区提质改造工程、大围山旅游干线公路的建设、创建国家级地质公园……代广涛积极参与其中，为大围山国家森林公园建设发展贡献力量。

“朋友都说我是将自己的青春贡献给浏阳这片红色热土了。”代广涛笑着说，在浏阳生活的时间越久，对这片土地的眷恋便越深，在这里他也能放开手脚干出一份事业。“不管在哪里，做好手头的工作，就是为社会尽了一份力。”

老家亲人寄来一袋花生，九旬奶奶的牵挂让他泪目。“中秋节快到了，格外思念家中的亲人。”代广涛说，从上大学到现在，他已经有14年没有在老家跟家人一起过中秋节了。每到中秋节前几天，他都会提前通过视频聊天给家人特别是奶奶送上节日问候。

代广涛告诉记者，虽然小时候家里条件不好，但是每到中秋节，母亲都会准备一大桌子好吃的，其中更是少不了他的最爱——花生与秋桃。“吃着家乡的美味，一家人团聚在一起，这样的时光是最美好的。”代广涛说。

“工作后，虽然也能吃到花生和桃子，却吃不出家乡的味道。记忆中的味道总是那么香甜，让人回味……”说着说着，代广涛有些走神，眼中满含对家乡的思念。

在代广涛的手机里，保存了几张照片：照片里一位老人在夜晚微弱的灯光下，正将花生苗上的花生一颗一颗摘下来，还细心地剥好壳，用袋子装好。代广涛说，照片中的老人便是他的奶奶。得知孙子今年又不能回家过中秋，老人连夜从土里将最新鲜的花生挖回家，摘好后寄到了浏阳。

收到花生时，代广涛忍不住流下了泪水。跟着奶奶长大的代广涛，对奶奶有着深厚的感情。“万家团圆时，自己不能回家陪亲人，心里很难受。”不过，代广涛收拾好心情，重新充满了斗志。“浏阳是我的第二家乡，为浏阳的发展添砖加瓦同样让我感到骄傲。”

（**资料来源** 《浏阳日报》）

地大3位“80+”院士校友获终身成就荣誉

年过八旬，他们是古生物界的中国脊梁！

2019年11月18日，第一届亚洲古生物学大会暨中国古生物学会成立90周年纪念活动在北京召开，8位“80+”院士被中国古生物学会授予终身成就荣誉，学校校友张弥曼、殷鸿福、陈旭在列。他们被学术界视为中国古生物学的杰出代表，和其他古生物工作者们一起向世人打开了地球46亿年的地层书卷。

▲ 颁奖典礼

▲ 张弥曼

▲ 殷鸿福

▲ 陈旭

（**资料来源** 新华视点、化石网 **撰稿** 旷杰媛）

2019年度中国地质大学优秀青年校友暨年度杰出青年校友专题

自中国地质大学优秀青年校友暨年度杰出青年校友评选工作启动以来，得到了各教学单位、科研平台和地方校友分会及广大校友的广泛关注与积极参与。经单位推荐、校友总会遴选、线上投票、线下评选和公示，决定授予何精科等9名校友“中国地质大学优秀青年校友”荣誉称号，授予方芳等10名校友2019年度“中国地质大学杰出青年校友”荣誉称号。

方　芳

2005年毕业于外国语学院
现任广西南宁市兴宁区燕子岭社区主任
于2019年度获得“中国地质大学杰出青年校友”荣誉称号

个人简介：
《“小巷总理”：群众的小事就是我最大的事》

张福强

1999年毕业于机械与电子信息学院
现任广西煤炭地质局党委书记、副局长、高级工程师
于2019年度获得“中国地质大学杰出青年校友”荣誉称号

个人简介：
《脚踏实地，岗位建功》

苏　明

2011年毕业于资源学院
现任中山大学海洋科学学院副院长
于2019年度获得“中国地质大学杰出青年校友”荣誉称号

个人简介：
《扎根基层，献身教育事业》

王振武

2015年毕业于地球物理与空间信息学院
现为武汉市青山区工人街办事处选调生
于2019年度获得“中国地质大学杰出青年校友”荣誉称号

个人简介：
《用心用情扎根基层，描绘别样青春年华》

邹谢华

1999年毕业于外国语学院
现任中组部援疆博士服务团成员、自然资源部不动产登记中心处长
于2019年度获得“中国地质大学杰出青年校友”荣誉称号

个人简介：
《一片冰心，不忘初心》

黄　磊

2013年毕业于艺术与传媒学院
现任原子娱乐传媒有限公司研发总监、总导演
于2019年度获得“中国地质大学杰出青年校友”荣誉称号

个人简介：
《在综艺领域也要发出地大人的声音》

郭　林

2009年毕业于公共管理学院
现任非洲东鑫机械有限公司总经理
于2019年度获得“中国地质大学杰出青年校友”荣誉称号

个人简介：
《在非洲闯出创业新天地》

朱　慧

2013年毕业于马克思主义学院
现任湖北省罗田县凤山镇党委副书记、镇长
于2019年度获得“中国地质大学杰出青年校友”荣誉称号

个人简介：
《不忘初心，扎根基层》

何　姝

2002年毕业于环境学院
现任深圳市宇驰检测技术股份有限公司董事长兼总经理
于2019年度获得“中国地质大学杰出青年校友”荣誉称号

个人简介：
《技术创新书翠色，产学研究馈母恩》

金晓文

2018年毕业于环境学院
现任武汉中地环科水工环科技咨询有限责任公司总经理
于2019年度获得“中国地质大学杰出青年校友”荣誉称号

个人简介：
《专注自然和谐之道，争做行业排头兵》

何精科

2017年毕业于海洋学院
现为广西涠洲岛珊瑚礁国家级海洋公园管理站负责人
于2019年度获得“中国地质大学优秀青年校友”荣誉称号

个人简介：
《守护珊瑚礁，助力生态文明建设》

龚　杰

2006年毕业于信息工程学院
现任武汉华信联创技术工程有限公司党支部书记、总经理
于2019年度获得“中国地质大学优秀青年校友”荣誉称号

个人简介：
《情系气象，大胆创业，勇作为》

吕晓芳

2005年毕业于计算机学院
现任浙江省丽水市缙云县地缘家庭农场法人代表
于2019年度获得“中国地质大学优秀青年校友”荣誉称号

个人简介：
《步履不停，创新求精》

黄春雷

2008年毕业于地球科学学院
现任浙江省地质调查院土地质量调查研究中心副主任、高级工程师
于2019年度获得“中国地质大学优秀青年校友”荣誉称号

个人简介：
《真才实干稳向前》

魏园波

2011年毕业于数学与物理学院
现任深圳英飞拓科技股份有限公司高级算法工程师
于2019年度获得“中国地质大学优秀青年校友”荣誉称号

个人简介：
《注重研发为公司增效益，为社会添便利》

方　程

2008年毕业于地球物理与空间信息学院
现任湖北省地质局物探队工程师
于2019年度获得“中国地质大学优秀青年校友”荣誉称号

个人简介：
《不做则已，做则至全》

钱　瑞

2017年毕业于地球物理与空间信息学院
现任湖北省交通规划设计院股份有限公司工程承包事业部工程技术员
于2019年度获得“中国地质大学优秀青年校友”荣誉称号

个人简介：
《以感恩之心，立新时代青年新担当》

孙　茜

2014年毕业于艺术与传媒学院
现任新华网移动传播中心技术创新室副主任
于2019年度获得“中国地质大学优秀青年校友”荣誉称号

个人简介：
《笔头靠练，好稿靠磨，专注细节，绘出精彩故事》

彭　浩

2019年毕业于环境学院
现任武汉中地水石环保科技有限公司董事长
于2019年度获得“中国地质大学优秀青年校友”荣誉称号

个人简介：
《上善若水，逐梦健康》

第四章
神来之笔颂地大

水调歌头·深圳

品北国初雪
赏南粤花香
千水万山飞渡
鹏城喜相聚
恩师学友叙欢
俱言地大情怀
眉宇飘欢颜
情深意更浓
岁月又一年

既谈情
还说爱
忆当年
几杯美酒下肚
满腹吐真言
南望山上趣事
学府路边怡情
壮志冲云天
深圳意不尽
古田再续缘

（作者：方赟）

让我们端起奶瓶、吸着奶嘴过六一节

今天搭乘厦航MF8217航班从厦门飞西安，一进入机舱就如同进入儿童世界，前舱隔板上贴着魔法王国图画，行李仓上贴满了厦航职工的小孩绘制的天真烂漫的儿童彩笔画，原来儿童节马上要到了。

航班起飞后，由儿童装扮成的空乘、机长给旅客们分发小蛋糕、棒棒糖和装满奶的奶瓶。接着小朋友们随着音乐跳起舞蹈，全舱的人一起摇着棒棒糖，对着奶嘴吸奶。牛奶费劲地通过小小的奶嘴进入口腔，一股暖流从咽喉慢慢流入腹中，也把我带入了时光穿梭机。我仿佛穿越到40多年前，回到母亲的怀抱，感到温暖、安全、平和、简单且满足。

此种穿越的感觉是如此的奇妙，好像经历了从遥远的婴幼儿时期又回到了现实中，人一下子变得清新、通透。我不禁想，让成年的我们也端起奶瓶、吸着奶嘴过六一节吧。母体孕育了我们，长大后我们在尘世中奔波，为了各自的目标费尽心力，连夜晚的梦境都是白昼的续集，一刻不得休息。经过不断地接受各种教育，经历社会的人情世故，面对各个层面的竞争，让我们对当初在母体时的感觉越来越陌生了，甚至母亲的容颜都已经不再那么清晰。六一节来临之际，让我们端起奶瓶、吸着奶嘴过六一，将我们的身心“归零”，回归初心。

今年公司已走过了10个年头，经过市场竞争和团队间碰撞，我们已经很少“链接”真我或者对方了，彼此间的关系变得“格式化”，甚至简单扣个铅封的印记了事。在这承前启后的日子里，让我们端起奶瓶、吸着奶嘴，共同感受一下“为员工、为行业、为社会”的初心是否依然在跳动。

（作者：卢禄华）

测绘礼赞

在时间的长轴里
记载着每一段历史
在空间的范围内
呈现着当下的一切
是时间和空间赋予了我们对世界的感知
是感知和应用催生了测绘科学的发展
进而诞生了与地理和人文碰撞交融的测绘人
长路漫漫岁月无痕
山知道你
江河知道你
鲜有世人知道你
这便是那些默默奉献的测绘工作者
是你们用最美丽的年华书写着历史
是你们用最准确的图示诠释着空间
请让我为你们歌颂

皑皑雪山
你们用生命丈量世界的顶点
你们是伟大事业的排头兵
苍茫戈壁
你们用极限穿越生命的禁区
你们是光荣任务的先锋队
连绵山脉
你们用无畏跨过祖国的山川
你们是重大战略的见证者

茫茫海岸
你们用耐心走过漫长的岸线
你们是不忘初心的测绘人

山谷的风吹动着你们的红测旗
林中的花点缀着你们的青春梦
海里的塔点亮了你们的启明灯
空中的鸟陪伴着你们的前行路
你们用火焰般的热情战胜疲劳和寒冷
背起行囊
攀上每一座高峰
你们满怀无限的希望克服困难和险阻
携手同行
丈量每一寸土地
你们精巧细致的双手量测距离和角度
耐心仔细
构绘每一张地图
你们饱尝工作的艰辛
掩藏离别的泪水
渴望团聚却又时刻准备着整装待发

在晨曦朝露间
你能望到拂晓清新的朝阳
在大雨滂沱后
你能赏到天际最美的彩虹
在夜幕降临时
你能瞧见星罗棋布的星空
平原
丘陵

村庄
城市
皆是你最亲密的对象
测旗
觇标
脚架
尺垫
都是你最挚爱的战友

测绘基准是你推算的起点
坐标框架是你行动的指南
你们用一组组数据助力着腾飞的步伐
你们用一幅幅地图勾勒着壮美的山河
你们用一批批成果诉说着历史的变迁

有你们
逢山开路遇水架桥变得从容不迫
有你们
毫厘分秒精益求精显得稀松平常
有你们
广厦万间的城市建设更有保障
有你们
四通八达的交通网络更有效率
有你们
上天下海的精准数据更有权威
你们看似平凡
却交出了一份份不平凡的答卷

风雨砥砺
岁月如歌

继往开来
革故鼎新
新测绘法指导着行业要求
新时代下渴望着大国工匠
让新站位
新目标
在每一个测绘人心里生根发芽
让新动能
新气象
在每一个测绘人胸中应运而生
让新要求
新成效
在每一个测绘人脚下落到实处
让高层次
高起点
在每一个测绘人思想上武装升级
让高水平
高标准
在每一个测绘人脑海里驻足长留
让高效率
高质量
在每一个测绘人血液中浸润流淌
让测绘梦
中国梦
在每一个测绘人奋斗中梦想成真

（作者：地理与信息工程学院115091班　安江雷）

30年初心不改　不负青春勇担当

尊敬的学校领导、老师，各位校友：上午好！

我是51841班的杨丽芝。我今天汇报的题目是"30年初心不改　不负青春勇担当。"这个题目不知合不合适，筹委会要求我讲讲自己30多年来，作为一个老地质队员、老"水工环"的经历和感想。我想到哪里就讲到哪里，毕竟讲自己的事，比找水找矿容易多了，不需要那么严谨的科学性和逻辑性。

我是1984年考的大学。我入学的那会，咱们母校还叫武汉地质学院。我高考志愿全部填的地质学院，当然，第一志愿是武汉地质学院。1988年我毕业的时候，武汉地质学院就已经更名为中国地质大学了。现在想想，我们这一届应该是中国地质大学第一届毕业生。在地大那4年里，赵鹏大院士是我们的老校长，沈照理老师是我们水文系的系主任，蔡鹤松老师是我们水文一班的班主任，高云福、沈继芳、徐恒力、张人权、梁杏、靳孟贵等老师都给我们上过课，带我们实习过。虽然过去30多年，恩师的教诲，言犹在耳，没齿难忘。毕业后我没有选择回自己的家乡——湖南，而是来到山东。有人开玩笑说我是跟随某某某来的山东，其实还真不是。当时年轻人的身体里面，住着的就是一颗"好儿女志在四方"的心。心心念念的是要"踏遍青山""走遍天涯"。

分配工作时，我被分配在801水文地质工程地质大队。2002年通过招聘，我被调到了刚成立不久的山东省地质调查院，也就是我现在就职的单位。现在的院长李壮也是咱们的校友，1980级水文地质专业的大师兄。

我一毕业就没有在济南呆过，直接分配到野外地质分队，进了野外项目组。当时干的第一个项目是张店化工厂水源地勘探。此后的30多年，我一直坚持在野外生产第一线，先后主持和负责几十个重大地质项目，长期担任项目负责人。

在801水文地质工程地质大队工作的那10多年，我主要从事水源地勘探、城市水环境调查、地质灾害调查、地热调查等传统型基础性的水文地质项目与课题。如张店化工厂水源地、张店西部水源地、临朐老龙湾水源地、新泰电厂水源地、临沂电厂费县水源地、蓬莱泊子水源地的勘探，济南环境地质调查及济南沿黄地区、黄河三角洲地热调查等，都是当年做的项目。

刚到山东省地质调查院时，主要做中国地质调查局的大调查项目，仅华北平原水资源与环境、地下水可持续利用、地下水污染调查项目就做了8年。广袤的鲁北平原，37个县市、400多个村庄，差不多每个村庄、每一眼水井、每一条河流我都跑过、调查过。

近10年，我主要做城市地质、三维可视化模型及信息系统建设方面的项目和课题。还做过临时性的工作，如全省地热资源规划、温泉调查、抗旱找水打井、缺水山区水文地质勘查等项目。早几天在网上比较火的那个"女博士添石头知水量"的照片，就是2014年我们在沂蒙山区一个缺水村庄找水打井、看岩芯时被同事拍下来的。前段时间，自然资源部组织了一个"寻找最美自然资源人"摄影展，我们拿这组照片参加比赛，不知什么原因，突然就火了。这两个星期，有多家媒体来采访我，我也十分配合，让他们拍了很多照片和视频放在了网上。

我所做过的项目里面，印象最深刻的是自己第一次当项目负责人的项目：临朐老龙湾泉域供水水文地质勘察。那一年我刚刚24岁，毕业不到2年，工作经验很少，社会阅历几乎没有，相当于一张白纸。我和项目组同志们秉持"三多精神"，多动嘴问、多动手做、多跑腿查。跟物探的同志学解译，跟钻探的同志学成井工艺，跟地质人员"跑"地层、"跑"构造，甚至学会了骑自行车和做饭。最终，在这张白纸上，写下了我第一个不算完美但还算完整的答卷。项目做了近3年，成果最终验收的时候，我怀孕近8个月。前几天，我和山东省地质博物馆的退休老馆长邹国强一起去北京，他还说起当年他让我当项目主审的事儿。他说："看着你挺着个大肚子汇报答疑，一站一上午，很担心什么时候你孩子会掉下来。"到临朐县政府汇报成果时，距离我生完孩子也还不到3个月的时间。

我做的项目里面，比较有社会反响力的是济南城市地质项目。我们通过济南几十年的各项地质资料和2万多个钻孔，建立了济南中心城区地质信息系统及350m深度的三维可视化地质结构模型，并成功地应用到济南城市规划和建设中，论证了济南地铁建设的可行性及对济南泉水的影响，把济南修地铁和保泉的关系基本上说清楚了。2014年，我和李院长向当时的市委书记王文涛汇报时，他说："听了你们的汇报，对济南修地铁这事，我终于放心了。"目前，我们和山东省轨道交通集团合作，要把济南三维可视化信息系统和模型在精度上进一步精细和升级，在范围上进一步扩大，在内容上进一步拓展，要把它建成一个服务于济南轨道交通规划、建设、运行、监测和保泉等的多参数模型和综合管理平台。

所有项目中，精力投入最多、最难的是我刚刚完成的淄博市大武水源地三维可视化信息系统建设项目。题目叫三维，实际上是个四维的系统，我们要把用于地下水的数值模拟与预测预报的地下水水流模型、水质模型与三维可视化地质结构模型融合到一起，在一个平台上实现一体化可视。这在技术上是个难题，没有成功的案例可以借鉴。差不多3年时间，我们吃住在淄博临淄的大武水源地上，一年365天，基本上有300天待在大武。项目开始的时候，我家孩子刚上高一，项目成果验收的时候，孩子马上高考，我也不过是在他高考的那几天，陪了陪他。项目成果验收和鉴定的时候，我们请到了武强院士和中国地质调查局、南京大学、中国地质科学院及省内知名专家。他们对我们的成果评价很高，认为成果整体达到国际先进水平，在地质结构、地下水流、水质演化三维可视一体化模型的建立与应用研究方面达到国际领先水平。目前系统已被安装到淄博市政务网的云服务器上，运行近半年时间，就在昨天，通过了淄博市大数据局的验收。

在几十年的地质生涯中，我是老老实实、认认真真地一个项目接着一个项目地干，一个报告一个报告地写。一开始也没想过要干什么大事，实际上也没干过什么大事，就是想：既然我选择了这个专业，选择了这个行业，而且，我也挺喜欢这个专业、这份工作，那就好好干，不辜负自己的初心，不辜负自己的青春，不辜负地大的培养和教育，不辜负地大“艰苦朴素、求真务实”的校训精神，更不能辜负这个时代赋予我们的使命。我是这么想的，也是这么干的。虽然平平凡凡，但心里踏踏实实。

虽然我们努力，我们付出，不是为了回报，但俗话说一分耕耘一分收获，有付出总会有回报。由于工作认真踏实，成绩显著，我的工作从一开始就受到了极大的肯定和鼓励，不仅我的成果获得多个省部级科技成果奖，我还获得了一系列荣誉称号。早在1992年，我就被山东省地质矿产勘查开发局评为“新长征突击手”，在单位不是被评为“优秀职工”就是被评为“先进个人”，还多次被评为“学习标兵”。在系统内，屡创佳绩，被评为“第一届全国最美地质队员”并获得“第七届黄汲清青年科学技术奖”；在社会上，也屡获好评，被授予“省直道德模范”“文明和谐家庭”“山东好人”“省有突出贡献的中青年专家”“省先进工作者”“全国三八红旗手”等称号。

这些荣誉的获得，固然有我个人的努力，但归根结底还是源于在地大学习的4年中我们的学校和老师在我们心里埋下的“爱与担当”种子，只不过现在种子生根发芽、开花结果了。是地大培养了我，是地大老师教我怎样做人、怎样做事。同时，也得益于我的师兄师姐、师弟师妹们的支持和关爱。在我困难的时候，拉我一把；在我止步不前的时候，推我一把。相信各位校友，无论是和我一样坚守地质工作多年，还是转行做了其他工作，内心里都有很深很深的“地大情结”，为自己是“地大学子”而自豪。不管我们在哪个行业工作，或伟大，或平凡，或轰轰烈烈，或默默无闻，总想着为我们的母校、我们的“地大”增光添彩，至少不给母校丢脸。

今天山东校友分会成立，给了我们所有的在鲁校友一个交流和分享的平台，我们可以在这个平台上分享工作和生活中的点点滴滴。我快乐着你的快乐，你幸福着我的幸福。她也好像是一条纽带，把我们连接在一起，我们又都有了一个共同的名字：地大山东校友。真心希望我们这个大家庭不仅人丁兴旺，而且大家都能像兄弟姐妹一样，互相鼓励、互相支持，共同努力、共同进步，共同迎接下一个地质行业发展的辉煌。

（作者：51841班　杨丽芝）

第十一届校友分会会长、秘书长聚会有感

青春时光过云烟，地大人生律动天。
畅饮南望山下水，偶食东湖堤边仙。
少年常温书里事，老来犹记梦里甜。
莫笑今晚倾杯醉，因有校友敢为先。

（作者：邓星平）

母校之恋

春风吹绿长江两岸

江城东湖碧波荡漾
美丽的校园环抱南望山
这是我们成长的摇篮
我想念你呀
母校
多少话儿想对你讲
我曾在高山把你眺望
我曾在海外把你畅想
最想对你说呀
亲爱的母校
你的殷切期望
我们记在心上

教学楼前伴你身影
图书馆里闻你书香
我们徜徉在知识海洋
毕业以后天各一方
我想念你呀
母校
多少歌儿要给你唱
我曾在南国闻你喜讯
我曾在北疆读你华章
我们治理河山勘探宝藏
无论天涯海角
再创你的辉煌

（作者：51782班　肖光平）

忆校园　校友情

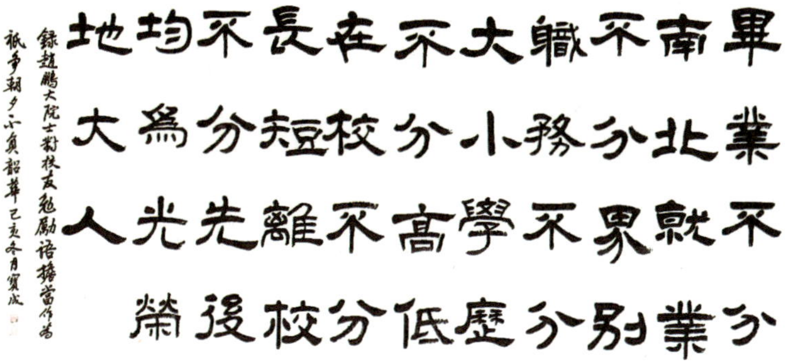

那一年，我们从四面八方涌入地大；入学军训，昭示我们要向军人那样要求自己，团结就是力量。

南望山下，我们早起晚睡；教一楼、教二楼、图书馆是常常光顾的去处；曾经的老师们，是那样神采飞扬；各类地球科学知识，如武功秘籍，源源不断，导入我们的大脑。

沉积岩，三大岩之一，可以相互转化；翡翠、和田玉，今日的玉石之王，归功于变质岩；自然界最硬的是钻石，属于矿物；构造地质，研究地球内外力作用形成断层等。

地球化学，利用化学原理和手段研究地球演化规律等。还有许多内容，在地学专家面前描述，诚惶诚恐，等于是关公面前要大刀。

北戴河、周口店留下了我们青春的足迹；毕业10年聚会，地勘楼前畅谈人生；毕业20年聚会，绿茵场上再竞技；今年相聚泉城，成立校友分会，其乐融融。

诚如赵鹏大院士所说：毕业不分南北，就业不分界别，职务不分大小，学历不分高低，在校时间不分长短，离校时间不分先后，均为“地大人”。

无论做什么，无论在哪里，不要忘记初心，不忘学问出处，努力奔跑，为实现“中国梦”而努力奋斗。

（作者：11931班　那宝成）

冰峰恋歌

攀登，向上
一步一步丈量着冰川
水晶一样的山峦
多么漂亮
披着洁白的婚纱
把我召唤
朝霞映照在冰峰
羞红着脸盘

攀登，向上
一步一步丈量着悬崖
水晶一样的山峦
令我神往
别仰着高傲的头
远在天上
纵然有千难万险
不能阻挡

我要告诉你
美丽的冰姑娘
为了理想我绝不彷徨
我要告诉你
高傲的冰姑娘
我比钢铁更坚强

不怕那冰缝千条
雪暴疯狂

请你等等我
美丽的冰姑娘
我们将相拥在世界之巅
请你等等我
高傲的冰姑娘
我将带给你
胜利的消息
无畏的信念
灿烂的荣光

（作者：51782班 肖光平 为母校登山队创作）

满江红·壮志未酬

岫谷吐雾，群峰飞，故乡依然。旧日升，孤树老藤，摇落无泪。屋后椿杉无月影，枝上残花为谁怜。炊烟处，儿童嬉笑声，忆从前。

寒门苦，温饱难。立志读，莫等闲。古今也，忠孝难以双全。江城四载圆学梦，有愧家国三十年！又何妨？多少将相种，恨长眠。

2019年11月29日，是我在西南能矿集团工作的最后一天，因病退休，即将离去，花草有意，孰言人间无情，依依不舍，思绪万千。回想从农村读书到大学求学再到参加工作的日子，历历在目。信手而作《满江红·壮志未酬》，抒发自己的一些感想，以作纪念。

办公室已经腾空，以往的每一次腾空是搬到新的办公室继续上班，接受新的任务和新的挑战。这一次腾空是把东西搬回家里，再也没有任务和挑战了。回想30年工作的风风雨雨，坎坎坷坷，人生的仕途也算一帆风顺，至此，画上了一个句号。不过人生的奋斗拼搏和积极向上的精神并没有结束，我将珍惜自己、相信自己、欣赏自己，去做我想要做的事情。

我想告诉年轻人，人生是一个认识自己的漫长过程，在任何时候，都不要放弃认识自己。在顺境和逆境时不要过于乐观和悲观，只要你拥有一颗感恩的心、责任心和一种拼搏进取的精神并长期坚持下去，在认识自己的道路上一定会有收获。哪怕最终我们只是一个很平凡的人，甚至被别人瞧不起，也不会后悔！

我还想告诉年轻人，要善于理解这个社会和身边的人，通过观察思考建立自己的为人处世之道或体悟自己的人生哲学。人生很短暂，没有一个人对人生是悟透了的，但别人对人生的总结值得我们去学习借鉴。想成就大事者，必须把握好法律和生存两条底线。如果你将来成为一名企业家，便会更加理解生存的重要性，因为涉及到成百上千员工的就业问题。

我更要感谢那些经常给我提意见和建议的人，是你们让我看到自己的不足，如履薄冰，严格要求自己。

祝大家身体健康，万事如意！

（作者：王成相）

回母校

昔日青涩今日痴，地大游子怯归迟。
花能解语何须叹？谁自飘零不必知。
一亩书田耕作画，三分月色啸成诗。
南望山下寻常夜，梦里长风共此时。

（作者：邓星平）

第五章
大爱无疆惠人才

包头城建集团在校设创新奖学奖教金

2019年1月8日，包头城建集团股份有限公司向学校捐赠10万元，设立包头城建创新奖学奖教金。包头城建集团党委书记孙成等，工程学院党委书记陈飞、校友工作与教育基金管理处处长徐岩等参加捐赠仪式。陈飞主持捐赠仪式。

▲ 包头城建集团捐赠仪式

孙成致辞。他表示，近年来，包头市与地大共建产学研合作基地，在非开挖领域密切合作，开展诸多实践，取得了重要成果。

工程学院党委副书记江广长汇报了此前包头城建创新奖学奖教金执行情况。该奖项于2016年11月设立，以先立项后认定的方式予以奖励，目前共有19个团队立项，7个学生创新团队和10位优秀教师获奖。

孙成、徐岩、陈飞签署三方捐赠协议。根据协议，包头城建集团再次捐赠10万元设立包头城建奖学奖教金。此前，该集团曾捐赠过20万元设立该奖学奖教金。徐岩接受捐赠支票，并向包头城建集团颁发捐赠证书。

与会人员就双方合作历史和前景、地下管网供热供水技术难题、新老城区地下管网建设和改造等问题开展交流。

（通讯员 丁苗苗 胡燕）

两家企业向学校捐赠

2019年4月12日，武汉华睿智联企业管理有限公司、中船重工（武汉）凌久电子有限责任公司分别向学校机电学院捐赠50万元、20万元。

武汉华睿智联企业管理有限公司是一家专业从事地质仪器开发研制的企

▲ 武汉华睿智联企业管理有限公司捐赠仪式合影

▲ 中船重工(武汉)凌久电子有限责任公司捐赠仪式合影

业。此次捐赠50万元，主要用于科学研究、教师科研奖励及学生科技创新比赛资助等。

中船重工（武汉）凌久电子有限责任公司是以高性能计算机、信号处理平台、系统软件及加固液晶显示器为主营业务的高新技术企业。此次捐赠20万元设立奖学金，主要用于奖励优秀学生。

（**通讯员**　张祥莉　丁苗苗）

校友陈海在校设立“海基金”

2019年4月25日，地质系1989届校友、广西榜样矿业集团董事长、广西校友分会会长陈海校友在校设立“海基金”。副校长傅安洲、相关部门负责人参加捐赠仪式。校友总会秘书长徐岩主持仪式。

徐岩介绍说，这是继2012年陈海校友捐赠50万元后，再次向母校捐赠。这是非限定性基金捐赠的有效补充，助推学校突破人才和资金办学资源瓶颈。

▲ 傅安洲(左)向陈海(右)颁发捐赠证书

陈海校友致辞。他说，多年的母校学习生涯，在自己身上留下了深深的烙印，形成了独特的思维。自己取得的成绩离不开母校和社会的关心和支持，希望用实际行动落实中央精准扶贫精神，践行当代企业家的责任与担当。

副校长傅安洲、陈海校友代表双方签署捐赠协议。陈海校友向基金会秘书处递交支票样本。傅安洲向陈海颁发捐赠证书。

傅安洲讲话。他说，以陈海校友为代表的广大地质系优秀校友用行动回应了时代的需要，交出了圆满的答卷。他表示，学校会将“海基金”作为人才基金的种子基金，用海纳百川的精神壮大基金，科学管理基金，不辜负校友的殷切期望。

（通讯员 丁苗苗）

厦门安越非开挖技术股份有限公司在校设立安越大学生创新创业基金

2019年6月14日，厦门安越非开挖技术股份有限公司向学校捐赠10万元，设立安越大学生创新创业基金。厦门安越非开挖技术股份有限公司董事长廖宝勇一行、武汉中地大非开挖研究院有限公司总经理孔耀祖，工程学院、校友工作与教育基金管理处有关负责人参加捐赠签约仪式。

▲ 捐赠仪式

工程学院党委书记陈飞对厦门安越非开挖技术股份有限公司的捐赠表示感谢。他表示，将发挥学院学科优势，在对外交流、人才培养、科技创新、非开挖技术等领域与该公司开展深度合作。

廖宝勇介绍了厦门安越非开挖技术股份有限公司基本情况。他希望通过此次捐赠，激励广大学子充分发挥才智、勇于创新，做德智体美劳全面发展的社会主义建设者和接班人。

▲ 校友工作与教育基金管理处副处长吕占峰（左）接受捐赠支票并颁发捐赠证书

双方就具体合作方式、科学研究、人才培养、学生实习等方面开展深度合作达成初步意向。

据悉，厦门安越非开挖技术股份有限公司是国内第一家引进非开挖光固化设备及多功能管道机器人的企业，是一家从事城市设施修复的高新企业。目前业务范围涵盖排水管道修复、给水管道修复和隧道修复。

（地大之声 通讯员 胡燕）

武汉一公司向工程学院捐赠10万元助力“卓越工程师教育培养计划”人才培养

2019年，武汉泰洪非开挖技术开发有限公司向工程学院捐赠10万元，用于支持勘查与基础工程系“卓越工程师教育培养计划”人才培养项目。

勘查技术与工程是学校最早实施卓越工程师计划人才培养的专业之一。为了提高勘查技术与工程专业学生的实践动手等能力，工程学院积极参加与生产用人单位的交流合作。该捐赠为学校卓越工程师计划人才培养提供了一种新模式。

（地大之声 通讯员 胡燕 丁苗苗）

多家单位向学校捐赠

2019年，多家单位向学校捐赠。厦门三烨传动机械有限公司董事长、福建校友分会会长、72921班校友卢禄华再次向母校捐赠30万元，用于学校电梯建设和散料清洁输送技术创新中心实验室改造。

陈汗青教授向艺术与传媒学院捐赠20万元，设立“汗青艺术奖学金”，奖励学院优秀学生。

此前，卢禄华校友曾向学校捐赠25万元，设立“厦门三烨奖学金”，用于奖励机电学院、自动化学院的优秀本科生和研究生。

（通讯员 丁苗苗）

基金会获得2018年度公益性捐赠税前扣除资格

2019年，从湖北省民政厅获悉，基金会获得2018年度公益性捐赠税前扣除资格。根据文件，企业和个人向中国地质大学基金会捐赠，根据基金会出具的免税文件和捐赠收据，可以获得相应的税前扣除额度。

附：免税文件说明

2017年2月起实施的《中华人民共和国企业所得税法》第九条规定："企业发生的公益性捐赠支出，在年度利润总额12%以内的部分，准予在计算应纳税所得额时扣除；超过年度利润总额12%的部分，准予结转以后三年内在计算应纳税所得额时扣除。"

2016年9月起实施的《中华人民共和国慈善法》第九章第八十条规定："境外捐赠用于慈善获得的物资，依法减征或者免征进口关税和进口环节增值税。"

2008年2月国务院修改的《中华人民共和国个人所得税法实施条例》第二十四条规定："捐赠额未超过纳税义务人申报的应纳税所得额30%的部分，可以从其应纳税所得额中扣除。"

（通讯员 丁苗苗）

学校设立辅导员"方圆专项奖励基金"

▲ "方圆专项奖励基金"启动仪式

▲ "方圆专项奖励基金"捐赠仪式

2019年10月15日，湖北方圆环保科技有限公司"方圆专项奖励基金"捐赠仪式在学校举行。副校长傅安洲、湖北方圆环保科技有限公司总经理秦家宝、学生工作处处长郤海峰、校友工作与教育基金管理处处长徐岩等参加签约仪式。

郤海峰表示，学生工作处将坚持立德树人，积极发挥"方圆专项奖励基金"的激励作用，用心、用行、用力、用智，做好思想政治工作，切实遵循思想政治工作规律、教书育人规律、学生成长规律，努力开创学校思政工作的新局面。

傅安洲代表学校向湖北方圆环保科技有限公司表示感谢。他介绍了学校的办学目标。他表示，高校辅导员工作十分辛苦，希望“方圆专项奖励基金”对辅导员的工作起到正向激励作用。学校将继续加强和公司的交流与合作，争取在更多领域为地大师生和该公司提供合作平台。

湖北方圆环保科技有限公司是科工贸一体化的专业从事仪器设备研发与生产的高新技术企业。公司专注于产品技术创新，先后获得国家发明专利、实用新型专利及计算机软件著作权授权30余项。同时承担了国家重点研发计划重大科学仪器设备专项、湖北省重大科技创新计划项目等。

（**地大之声 通讯员** 高艳丽 **摄影** 洪鹤庭）

多家单位和校友向学校捐赠

2019年，多家单位和校友向学校捐赠。

北京雅展展览服务有限公司捐赠20万元，设立“同心奖学金”，奖励环境学院以及其他学院家庭经济困难的优秀本科生。

湖北方圆环保科技有限公司向学校捐赠10万元，设立“方圆专项奖励基金”，奖励一线工作的优秀辅导员。

江西省萍乡市安华生物科技有限公司向学校捐赠1万元，支持工程学院工会篮球赛事。

73951班校友捐赠32 000元，设立土木工程(地下建筑方向)专业本科生助学金。

71851班、71852班、73851班、73852班校友捐赠14 885元，支持学校建设与发展。

学校图书馆某教师匿名捐赠300元，资助家庭经济困难学生。

（**通讯员** 丁苗苗）

工程学院举行“占志斌校友奖学金”座谈会

为凝聚校友办学力量，落实感恩励志教育，工程学院“占志斌校友奖学金”座谈会于2019年11月18日举行。占志斌校友及夫人江红女士，校友工作与教育基金管理处、学生工作处、工程学院等单位领导及24名“占志斌校友奖学金”获奖学生代表参加了座谈会。工程学院副院长窦斌主持座谈会。

工程学院党委书记陈飞致辞。他代表工程学院全体师生对占志斌夫妇表示诚挚欢迎和由衷感谢，并介绍学院近年来发展情况包括学院师资情况、科研平台、所承担的项目、发表论文等方面的最新进展。

学生工作处副处长苏洪涛介绍“占志斌校友奖学金”的评定和执行情况。奖学金设立于2010年，奖学金设立至今已奖励工程学院优秀学生70人，累计捐款43万元，并介绍了获奖学生个人发展现状。

勘查与基础工程系支部书记段隆臣介绍了地质工程和勘查与技术工程专业学科发展情况。

▲ 座谈会现场

▲ 获奖学生代表向占志斌校友夫妇（右二、右三）献花

校友工作与教育基金管理处丁苗苗向占志斌校友赠送“新校区地质工作者主题雕塑”铜像模型。

获奖学生代表苏雪雪同学表达了对学校、占志斌校友的感谢，向占志斌校友汇报了自2015年获奖4年以来个人成长的情况。她说“占志斌校友奖学金”不仅为她的生活提供了保障，同时肯定了她的努力，使她感到非常自豪，激励着她不断拼搏。获奖学生代表李成龙同学表示从“占志斌校友奖学金”中感受到了占志斌校友对青年学子的关怀关爱；获奖是一份荣誉，也是一种铭记，时刻提醒自己不忘前期的付出，自省自己今天的不足。他说，要像占志斌校友学习，将来回报社会和学校。

占志斌夫妇设立“占志斌校友奖学金”近10年，就如何在今后更好地为学校青年学子提供帮助，占志斌夫妇、与会老师和学生代表就奖学金的规模、评审条件、资助形式等进行了交流讨论。

▲ 占志斌校友夫妇发言

▲ 参会人员合影留念

占志斌校友深情回忆了自己的成长经历和在地大4年的学习经历，表达了自己对地大深深的爱校之情和为母校贡献力量的愿望。占志斌校友表示自己十分关注青年学生的成长成才，希望青年学生通过在地大的学习充实人生，并希望获奖学生在将来有能力的条件下，传递感恩之心，尽力回报社会。

校友工作与教育基金管理处处长徐岩作总结发言。他提到地大人勇攀高峰、敢于吃苦的精神，鼓励青年学子凝聚校友力量，传承感恩文化。希望同学们将来像占志斌校友学习，参与学校发展建设。

（地大之声 通讯员 卓越）

工程学院看望“徐亮助学金”捐赠者徐亮校友

2019年11月23日，工程学院党委书记陈飞一行前往深圳市钻通工程机械股份有限公司（简称“钻通公司”）看望徐亮校友。

陈飞代表学校基金会向徐亮校友颁发了捐赠证书，并赠送“地质人”水晶雕塑，向徐亮校友对学院和学生的关心与支持表示诚挚的感谢，并询问了徐亮校友

▲ 向徐亮校友颁发捐赠证书

▲ 向徐亮校友赠送“地质工作者”雕塑

的生活和工作情况。徐亮就职的钻通公司在无锡和深圳两地办厂，徐亮一直在深圳工作，十几年来一直坚持从事非开挖钻进设备的生产制造工作，从工厂车间生产到产品设计、从产品质检到国内外销售和售后服务，是钻通公司地地道道的老员工和真骨干。

勘察与基础工程系辅导员王俊向徐亮校友介绍了助学金评审情况和受助同学的近况，已毕业的14名同学中有10名同学进入了研究生学习阶段，其中1人博士在读，1人硕士毕业后以人才引进的方式担任云南某镇副镇长。

受助学生代表刘志辉向徐亮校友汇报了自己近两年的学习生活情况，代表20名受助同学表达了对徐亮校友的感谢，并向他转交了2018年受助同学的感谢信，表示自己一定要认真学习打牢基础，刻苦钻研专业知识，铭记来自校友的这份温暖并努力传递下去。

徐亮校友回忆了他在学校生活学习的4年时光，问候了勘查与基础工程系老师的近况和勘查技术与工程专业的发展情况。提及设立助学金的初衷，徐亮校友说他在大学期间获得过"曾宪梓教育基金"资助，这次刚好以毕业10周年返校为契机，希望表达自己对母校的感激之情，也希望把爱心传递下去。陈飞邀请徐亮常回母校看看，希望徐亮能将多年来的经验和感想分享给在校的学弟学妹们。

▲ 徐亮(右二)近照

徐亮校友是钻通公司一名普通职工，2004年毕业于工程学院勘查技术与工程专业，2014年毕业10周年返校时设立"徐亮助学金"，目前已资助20名同学。

（**地大之声　通讯员**　刘志辉）

两家单位向学校捐赠

2019年，两家单位分别向学校捐赠。

周大福珠宝金行(深圳)有限公司向学校捐赠22.5万元，奖励全校优秀本科生。

经湖北省体育彩票管理中心积极联系，2期体彩大乐透中奖者向学校捐赠30

万元，用于资助困难学生。

（通讯员 丁苗苗）

材化学院举行“25941班校友奖学金”颁奖仪式暨座谈会

2019年12月16日，材料与化学学院（简称“材化学院”）“25941班校友奖学金”颁奖仪式暨座谈会在化学楼317会议室隆重举行，学院党委书记黄菊、党委副书记余江涛，副院长周炜，1994级材料系毕业生、北京东方红航天生物技术股份有限公司武汉长沙分公司总经理王飞，材料系主任梁玉军，材料系教师徐建梅，研究生辅导员唐伟，15名获奖学生代表参加了颁奖仪式。

▲ 座谈会现场

周炜代表材化学院对材料系校友支持学院学科建设、专业建设、人才培养等方面表示感谢，并介绍了“25941班校友奖学金”的来历，向受到表彰和奖励的同学表示了祝贺，希望他们用实际行动来感恩校友、回报母校、恩泽社会。

研究生辅导员唐伟就此次“25941班校友奖学金”的评选过程和结果提供了详细的书面材料并向校友代表作汇报。

校友代表为15名获奖学生颁奖。

◀获奖学生合影

▶ 学生代表发言

本科生代表罗娜、研究生代表王文强与大家分享了自己的获奖感言，并表示今后会努力实践校友期待，传承校友志愿，刻苦学习，发奋成才，以成长进步回馈社会。

▲ 王飞题词“奋斗为本，价值为纲”与获奖学生共勉

王飞代表材料系25941班校友发言，并对回馈母校捐款用途，即用于学科建设、专业建设、奖学金、助学金等方面进行了说明，同时表达了校友对母校培养的感激之情，也希望学弟学妹们珍惜学校的学习环境和学习条件，以老师为榜样、以优秀为伙伴、以成长为目标，做好定位、做好规划，多读书、多沟通、多实践。

▲ 与会嘉宾合影

黄菊讲话。她指出，学院的发展离不开校友的关心和支持，凝聚着几代材化人的智慧和汗水。期盼广大校友在今后一如既往地支持学院的工作，多提宝贵意见和建议，为学院教育事业发展提供不懈的动能，以便学院取得更大的进步。黄菊鼓励同学们向材料系25941班的优秀校友学习，在追求学业成就和人生价值的同时牢记初心和使命。

（**通讯员** 唐伟）

机电学院举行武汉沃隆云网通信技术股份有限公司捐赠仪式

2019年12月19日，学校举行武汉沃隆云网通信技术股份有限公司（简称“沃隆公司”）向机电学院捐建实验室签约仪式。电子信息工程系2006届校友、沃隆公司总经理律国军、副总经理李小芳、账务总监董美婷，校友工作与教育基金管理处处长徐岩，机电学院党委书记瞿祥华、院长丁华锋，副院长文国军、李波、黄田野及电子信息工程系教师代表参加仪式。电子信息工程系主任陈分雄教授主持会议。

丁华锋对沃隆公司一行到来表示热烈欢迎和衷心感谢。他介绍，机电学院作为工科学院历来重视院企合作和产学研协同发展，近3年来获批教育部产学研协同育人项目11项，电子信息工程系近年与8家企业在科学研究、人才培养等方面建立合作关系。

▲ 三方签署捐赠协议

律国军表示，回馈母校是企业发展和学校建设的共同需求。他希望通过拓展校企合作，攻克技术难关，促进企业发展与时俱进，同时为学校实践教学提供支撑。

▲ 递交支票样本

武汉沃隆云网通信技术股份有限公司总经理律国军、校友工作与教育基金管理处处长徐岩、机电学院院长丁华锋三方签署捐赠协议。根据协议，公司向学校捐赠50万元，用于机电学院实验室建设、教师创新项目基金和支持学生科技创新活动（竞赛）奖励等。

律国军向机电学院递交支票样本。

▲ 徐岩（左）为律国军总经理（右）颁发捐赠证书

瞿祥华讲话。他表示，学院处于机遇与风险并存的发展关键时期，感谢沃隆公司的慷慨解囊，捐赠实验室对机电学院光纤通信领域的研究与发展意义重大，期待通过双方合作实现优势互补。

徐岩讲话。他向律国军校友表达了由衷的感谢，并期待通过相关校友平台助推沃隆公司发展。

据悉，武汉沃隆云网通信技术有限公司是一家专业从事高端光器件和特种光纤的研发、生产和销售于一体的高新技术企业。产品包括高密度MPO光纤连接器、防水光纤连接器、拉远光纤连接器、铠装光纤连接器、FWDM/CWDM/DWDM等波分复用器件、SFP+光模块、100G高速光模块、PLC光分路器、FA-MT器件、隐形光纤等高端光器件。公司通过"ISO9001:2008 质量管理体系""ISO14001:2004 环境管理体系""OHSAS18001:2007 职业健康安全管理体系"认证及国家广电入网认证、CE认证[①]、RoHS[②]认证。

（**地大之声 通讯员** 陈振兴 丁苗苗 **摄影** 范庆贺）

工程学院举行"钻探薪火奖学金"捐赠仪式暨座谈会

2019年12月20日，工程学院"钻探薪火奖学金"捐赠仪式在工程楼举行。湖北省城市地质工程院勘查部主任汪发文、勘查部副主任2008届校友徐俊，校友工作与教育基金管理处副处长吕占峰，工程学院党委书记陈飞，勘基系教授段隆臣、蔡记华、卢春华，2017级勘基系部分学生代表参加捐赠仪式。

▲ 捐赠仪式现场

工程学院党委副书记江广长主持会议。

陈飞致辞。他首先感谢了城市地质工程院汪发文主任、徐俊校友和学院蒋国盛、蔡记华、卢春华等老师捐资设立奖学金，关心和支持学院发展。捐赠资金来源于单位和科技成果奖励，希望双方进一步加强合作，促进科技成果转化。希望这次奖学金的设立，激励学生学好专业，将来投身工程行业，服务国家建设。

▲ 三方代表签署捐赠协议

汪发文感谢工程学院和勘基系老师一直以来对城市地质工程院工作的支持。他

①CE认证是一种安全认证标志，被视为制造商打开并进入欧洲市场的护照。

②RoHS是由欧盟立法制定的一项强制性标准。

与参加座谈会的同学分享了工作经历和对专业的认识，希望学习专业的同学要坚定专业自信，扩大专业知识面，拓宽服务领域；同时要有家国情怀，服务于国家能源资源行业和国家建设，希望大家薪火相传、继往开来。

参加座谈会的同学和与会的校友、教师就专业学习、行业发展、个人成长等方面进行了深入的交流。

吕占峰讲话。他感谢城市地质工程院对学校人才培养的支持，希望同学们知恩感恩、脚踏实地、刻苦学习、全面成才，将事业薪火相传。

（**地大之声 通讯员** 王俊 **摄影** 王灿）

▲ 吕占峰(右)接受捐赠支票并为捐赠方颁发捐赠证书

▲ 与会人员合影

多家单位和校友向学校捐赠

101871班校友周愁捐赠2万元，助力贫困大学生完成学业。

工程学院徐亮校友捐赠1万元，持续设立“徐亮助学金”。

武汉领航鲸体育文化传播有限公司捐赠30万元，支持体育学院潜水课程建设。

无锡市钻通工程机械有限公司捐赠5万元，支持工程机械设计及自动化团队虚拟数字化实验室建设。

武汉晔晔电力有限公司捐赠10万元，支持经济管理学院硕士学科建设。

公安县佳源水务有限公司再次捐赠40万元，设立“佳源奖助学金”，奖励家庭经济困难的本科生、研究生。此前，该公司曾捐赠20万元。

武汉中力岩土工程有限公司捐赠30万元，奖励环境学院和工程学院优秀学生。

（**通讯员** 丁苗苗）

6家单位和多名校友向学校捐赠

2019年，经体育学院积极联系，谷登户外体育（深圳）有限公司捐赠1万元，用于群众体育活动；乐跑体育互联网（武汉）有限公司捐赠30万元，支持学生体质健康测试。

龙岩永翠慈善基金会再次捐赠10万元，用于“明德奖励基金”，奖励一线工作的优秀辅导员。

经外国语学院积极联系，宁波泰茂车业有限公司董事长刘鹏校友捐赠30万元，用于“贝乐奖学奖教金”。

经珠宝学院积极联系，上海豫园黄金珠宝集团有限公司捐赠9万元，设立“豫园黄金奖学金”。

经地球科学学院积极联系，1988届地质地化系校友捐赠20万元，设立“1988届地质地化系校友奖学金”。

经高山院士生前弟子和好友积极筹备，成立“高山奖学金”，项目首期金额50万元。

地球科学学院1999级校友再次捐赠0.6万元，用于“鲲鹏奖学金”，每年奖励地球科学学院3名优秀学生。

经学生工作处积极联系，湖北省教育基金会再次捐赠25万元，用于“助勤帮困基金”。

知名院士再次捐赠20万元，奖励优秀学生。

2011级黄云祥校友捐赠1.5万元。

（**通讯员　丁苗苗**）

表1 中国地质大学(武汉)教育发展基金会2019年捐赠收入表

序号	项目编号	捐赠项目	捐赠金额(元)
1	2010012	校友发展基金(网上捐赠款)	49.99
2	2011001	聚帮客地大靴子成长基金(西安心联网信息科技有限公司)	3 354.40
3	2011011	周大福奖学金(周大福珠宝金行(深圳)有限公司)	450 000.00
4	2012020	水科学基金(网上捐赠款)	49.96
5	2012028	学校建设与发展(2011级黄云祥捐款)	15 000.00
6	2012038	地球物理与空间信息学院华睿奖学金(武汉地大华睿地学技术有限公司)	12 000.00
7	2012045	同心奖学金(北京雅展展览服务有限公司)	200 000.00
8	2014018	鲲鹏奖学金(1999级地球科学学院校友)	6 000.00
9	2014022	徐亮助学金(徐亮校友)	10 000.00
10	2015010	花蕾筑梦基金(网上捐赠款)	21 958.95
11	2016002	群众体育活动(谷登户外体育(深圳)有限公司)	10 000.00
12	2016006	校园体育文化基金	3 080.00
13	2016009	包头城建奖学奖教金(包头城建集团股份有限公司第二工程公司)	100 000.00
14	2016014	紧急救助基金(网上捐赠款)	150.00
15	2016019	地大隧道壁画工程(网上捐赠款)	10.00
16	2016021	贫困新生爱心基金(网上捐赠款)	501.00
17	2017002	贝乐奖学奖教金(宁波泰茂车业有限公司)	340 000.00
18	2017003	佳源奖助学金(公安县佳源水务有限公司)	400 000.00
19	2017004	明德奖励基金(龙岩永翠慈善基金会)	100 000.00
20	2017007	赵鹏大基金(网上捐赠款)	300.00
21	2017011	湖北省教育基金会转助勤帮困基金	250 000.00
22	2017019	041031班助学金(网上捐赠款)	2 700.00

续表1

序号	项目编号	捐赠项目	捐赠金额(元)
23	2017020	042031班助学金(网上捐赠款)	100.00
24	2018006	毕业季地大梦(网上捐赠款)	169.00
25	2018007	春暖花开共建校友林(网上捐赠款)	107.00
26	2018008	志愿服务基金(网上捐赠款)	3 007.79
27	2018013	贫困新生爱心基金(周愁校友)	10 000.00
28	2019003	地球科学学院1988届校友奖学金	200 000.00
29	2019004	豫园黄金奖学金(上海豫园黄金珠宝集团有限公司)	90 000.00
30	2019006	海基金(广西南宁全桂矿业投资咨询有限公司)	500 000.00
31	2019007	高山奖学金(高山弟子)	500 000.00
32	2019008	机电学院华睿奖学金(武汉华睿智联企业管理有限公司)	500 000.00
33	2019009	殷鸿福与金钉子奖学金(殷鸿福院士)	200 000.00
34	2019010	工程学院勘基系基金(周彬校友)	100 000.00
35	2019011	汗青艺术奖学金	200 000.00
36	2019012	地质工作者雕塑(网上捐赠款)	79 458.72
37	2019013	潜水课程建设(武汉领航鲸体育文化传播有限公司)	300 000.00
38	2019014	电梯改造(厦门三烨传动机械有限公司)	300 000.00
39	2019015	MBA学科建设基金(武汉晔晔电力有限公司)	200 000.00
40	2019016	机电学院实验室建设(无锡市钻通工程机械有限公司)	50 000.00
41	2019017	工程学院厦门安越大学生创新创业基金(厦门安越非开挖工程技术股份有限公司)	100 000.00
42	2019018	工程学院工会篮球赛事(江西省萍乡市安华生物科技有限公司)	10 000.00
43	2019020	中力岩土助学金(武汉中力岩土工程有限公司)	300 000.00
44	2019021	73951班校友基金	32 000.00
45	2019022	方圆专项奖励基金(湖北方圆环保科技有限公司)	100 000.00

续表1

序号	项目编号	捐赠项目	捐赠金额(元)
46	2019023	徐俊汇工程学院钻探薪火奖学金	80 000.00
47	2019023	广州中博教育股份有限公司捐赠款	30 000.00
48	2019025	湖北省体育彩票管理中心助学金	300 000.00
49	2019026	乐跑体育互联网(武汉)有限公司	300 000.00
50	2019027	武汉沃隆云网通信技术股份有限公司	500 000.00
51	2019028	地理与信息学院基金(于荣萍班级)	23 000.00
合计			6 932 996.81

表2 中国地质大学(武汉)教育发展基金会2019年项目支出表

序号	项目编号	捐赠项目	捐赠金额(元)
1	2010001	锐鸣奖学金	150 000.00
2	2010005	无锡金帆奖学金	15 000.00
3	2011001	聚帮客地大学子成长基金	2 232.00
4	2011011	周大福奖学金	225 000.00
5	2012008	晓光助学金	20 000.00
6	2012012	朱训青年教师奖励基金	40 000.00
7	2012013	三江中电奖学金	50 000.00
8	2012019	王大纯创新基金	40 000.00
9	2012020	水科学之星奖学金	18 000.00
10	2012026	滑翔伞课程建设	72 000.00
11	2012031	研84奖学金	15 000.00
12	2012034	地球物理与空间信息学院校友奖励基金	35 500.00
13	2012037	武汉汇通锦华科技有限公司支持校团委文化建设	38 880.00

续表2

序号	项目编号	捐赠项目	捐赠金额(元)
14	2012038	地球物理与空间信息学院华睿奖学金	20 000.00
15	2012042	王学海支持共青团大学生素质拓展	78 490.00
16	2013011	地球物理与空间信息1979级校友学生奖学金	30 000.00
17	2014017	华狮化工奖学金	5 000.00
18	2014018	鲲鹏奖学金	12 000.00
19	2015010	花蕾筑梦基金	17 565.98
20	2015012	中建三局奖学金	25 000.00
21	2016002	学生群众体育活动	3 950.00
22	2016005	无极道大学生创业基金	39 000.00
23	2016006	校友体育文化基金	39 060.00
24	2016008	机电学院报爱贝尔奖学金	45 000.00
25	2016010	师生群体竞赛	6 777.50
26	2016014	紧急救助基金	3 010.00
27	2017002	贝乐奖学奖教金	205 382.00
28	2017004	明德奖励基金	90 000.00
29	2017006	宇驰基金	37 306.64
30	2017010	天图奖学金	4 000.00
31	2017011	助勤帮困基金	287 665.50
32	2017012	地学之旅支持研究生学位服	83 175.00
33	2017014	非限定性基金支持研究生学位服	15 000.00
34	2017017	盛帆公益基金支持树木修剪和电梯改造	419 630.00
35	2018002	地球物理与空间信息学院报中仪奖学金	4 500.00
36	2018005	72941班奖学金	18 000.00
37	2018008	志愿服务基金	89.00
38	2018011	凌久电子奖学金	44 684.00

续表2

序号	项目编号	捐赠项目	捐赠金额(元)
39	2018012	地质+创新创业大赛	407 127.00
40	2019001	非限定性基金支持矿物晶体布展	190 505.00
41	2019002	非限定性基金支持校医院B超机购置	2 580 000.00
42	2019003	1988届地化校友奖学金	45 000.00
43	2019007	高山奖学金	40 000.00
44	2019008	华睿奖学金	13 430.00
45	2019010	工程学院勘基系基金	10 175.00
46	2019011	汗青艺术奖学金	8 000.00
47	2019018	工程学院工会篮球赛事	9 928.96
48	2019019	非限定性基金支持大学生心理咨询室维修	158 000.00
49	2019024	非限定性基金支持研究生学位服	95 925.00
合计			5 813 988.58

摄影：关皓月

摄影：黄启森

第六章
百舸争流千帆竞

与家国同心 偕时代同行

——王焰新校长在2019级本科生开学典礼上的讲话

亲爱的2019级同学们，各位来宾、老师们：

大家上午好！

金秋九月、南望山下，我们举行2019级大学生军训汇演暨开学典礼，热烈欢迎新Cugers（“酷哥/格”），欢迎你们！过去的两周，汗水一次次浸湿你们的白衫，烈日一次次灼伤你们的皮肤，但你们始终无畏坚持、从不退缩，以铁的纪律、严的作风完成了大学第一课，我提议：大家为努力拼搏的自己、为辛苦承训的教官、一直陪伴的辅导员、默默关心的家长鼓掌！

▲ 校长王焰新讲话

2019级萌新大数据显示：你们4 693人来自五湖四海，涵盖了32个民族，男女生比例接近6:4，是家乡的饭菜不好吃，还是外面的世界太精彩，我不能确定。但可以确定的是，求知这个目标引领着你们缘聚于此，未来你们将在这里演绎各自精彩、见证彼此成长，我坚信：地大将会是你们人生中最正确的选择之一。

▲ 新生歌唱我和我的祖国

传承红色基因 助你扬帆起航

这是一所传承红色基因的大学，她将助你拥有扬帆起航的指南针。她诞生于国家建设急需之时，建校67年来她始终与祖国同呼吸、与民族共命运，从矿业富国、实业兴国、地质报国到如今的地学强国，从“红色地质工程师的摇篮”到建设地球科学领域国际知名研究型大学的新阶段，地大为党育人、为国育才的初心从未改变，培养了以国务院原总理温家宝同志，中国月球探测工程第一任首席科学家欧阳自远、中国石油化工总公司总经理马永生、世界杰出女科学家张弥曼院士，北京奥运主场馆"鸟巢"和冬奥会主场馆"冰丝带"总工程师李久林、中国石油天然气集团公司总裁侯启军、沙钢集团总裁沈彬、周大生珠宝有限公司董事长周宗文等为代表的杰出校友。建校以来，学校已培养出37位两院院士，位居全国高校前列。爱国、报国、强国是地大人艰苦奋斗的精神支柱。

充满卓越细胞　助你攀登高峰

这是一所充满卓越细胞的大学，她将助你手握攀登高峰的地质锤。学校秉承"艰苦朴素、求真务实"的校训精神，弘扬"严在地大"优良校风学风，矢志追求学术卓越，"地质学""地质资源与地质工程"两个一级学科常年排名全国第一，入选首批世界一流建设学科。学校6个学科进入ESI排名世界前1%，其中地球科学进入全球前1‰。学校"上天、入地、下海、登极"，努力建设科研、学科、人才"三位一体"的创新高地。追求卓越已成为地大人砥砺前行的执著坚守。

▲ 高举五星红旗

流淌求真血脉　助你探寻真理

这是一所流淌求真血脉的大学，她将助你获得探寻真理的放大镜。我们致力于打造教学与科研并重的"双一流"师资队伍，推进"三融合"培养模式改革，实施主辅修制，一张通知书可以拿两个文凭，就是为了助力大家在最应该奋斗的年纪，积累更多的知识，汲取更多的养分，成就更大的智慧，努力成为担当民族复兴大任的复合型、创新型人才。求真务实已成为地大人开拓进取的鲜明本色。

你们当中大多数出生于世纪之交，是中华民族从富起来到强起来伟大飞跃的直接受益者：你们一切尽在掌中，足不出户即可享受吃喝便利；你们开启美颜、换脸，在短视频里抖出自信风采；你们在共享中体会扫码即开、支付即走的快捷。从"80"后到"90"后，再到"00"后，每一代人都曾面临质疑，一代人有一代人的际遇，一代人也有一代人的使命，你们也许骨子里有"我命由我不由天"的滚烫热血，但是我必须给你们泼一盆冷水，这是一个相对概念，隐含着一个重要前提：那就是你首先有能力主宰自己的命运。同学们正值人生中最美好的年华，步入大学也是“拔节孕穗”的关键时期，所以选择很重要，选择跟谁走、和谁在一起、怎么走至关重要。我想最美的青春一定是在与祖国同心同向的奋斗中得以铸就，远大的理想一定是与时代并跑甚至领跑的拼搏中方能实现。在与你们一起共享祖国和时代给予的荣光之际，希望你们永远与家国同心、偕时代同行。

▲ 新生们意气风发

家国同心　坚定爱国情

与家国同心，你们需坚定爱国情。“爱国，是人世间最深层、最持久的情感，是一个人立德之源、立功之本。”鸦片战争以来，面对帝国主义列强铁蹄蹂躏，在山河破碎、风雨飘摇之中，爱国是“苟利国家生死以，岂因祸福避趋之”的无畏，是“师夷之长技以制夷”的努力，是“我自横刀向天笑，去留肝胆两昆仑”的图强，是“顶天立地奇男子，要把乾坤扭转来”的尝试。中国共产党成立98年来，带领中国人民于军阀混战之际反帝反封建，于抗击侵略之际成为中流砥柱，于结束内战之际建立新中国，于百废待兴之时建设社会主义，于艰难曲折中实行改革开放……爱国是“怅寥廓，问苍茫大地，谁主沉浮？”的深深忧患，是“为中华之崛起而读书”的鸿鹄志向，是“我是中国人民的儿子”的朴素情怀，是“仰望星空，脚踏实地”的知行合一，更是“我将无我，不负人民”的铿锵誓言。

美好生活因经历的苦难愈显珍贵，因坚定的守护更令人向往。我们不是生活在和平时代，而是和平的国度。70年翻天覆地的巨变来之不易，民族复兴的目标更伟大、任务更繁重、挑战更艰巨，更需要我们倍加热爱、倍加呵护、倍加努力，唯有把个人命运与国家民族的命运紧紧捆在一起，在厚植拥护中国共产党的爱党情怀、扎根人民的为民情怀、奉献祖国的报国情怀之中才能为“中国号”巨轮破浪前行提供最深厚的底气、最有力的支撑。

家国同心　砥砺报国行

与家国同心，你们需砥砺报国行。67年的办学史是地大与祖国共成长的奋斗史，是地大人丹心报国的拼搏史。49年前，学校迁出北京，广大师生一路南下辗转湖北江陵、武汉等地。四重门见证了时代的变迁，不变的是一代代地大人平凡而伟大的报国实践。学校杰出校友欧阳自远院士，年轻时听从国家号召，放弃了自己最喜欢的天文学和化学，报考了当时国家对人才紧缺的地质专业。后来，设想如果用人造卫星找矿是否有助于提高效率，于是"跳出"地球看地球，专注于对太阳系空间的陨石和宇宙尘的研究，最终成长为我国月球探测工程第一任首席科学家，"在人类攀登科技高峰征程中刷新了中国高度"。"国家的需要，就是我的选择"是地大人胸怀祖国、兼济天下的最好注解。

"凡心所向，素履以往。"爱国报国是具体的、实践的，更是内发的、自觉的，找到根植于内心的精神力量，"咬定青山不放松"，才能汇聚强动力，逐梦新征程。100年前，面对国家和民族生死存亡，一批爱国青年挺身而出，誓言"国土不可断送、人民不可低头"，奏响了浩气长存的爱国主义壮歌，走出了满目苍夷、任人宰割的历史，没有了流血牺牲、生死考验，站在比以往更高更好的起点上，没有枪林弹雨，不用忍饥挨冻，但仍需"跋山涉水"走好属于自己的长征路。希望同学们把爱国情化作从点滴做起的报国行，把对祖国的无限热情转化为对国家忠诚、对民族热爱、对人民关切的实际行动中去，在守初心中历练，坚定理想信念、锤炼品德修为；在担当使命中成长，磨砺意志品质、练就过硬本领。

偕时代同行　勇立潮头

偕时代同行，你们要争做勇立潮头的搏击者。时代是思想之母，亦是奋斗之基。我们所处的中国特色社会主义新时代，正在见证"马克思主义过时论"的过时、"历史终结论"的终结、"社会主义失败论"的失败。实现两个百年目标，没有任何时期比现在更接近，也没有任何时期遇到现在这么多的挑战与困难。67年来，一代代地大人栉风沐雨、艰苦奋斗，面对机遇站得出来，面对困难豁得出去，面对压力顶得上来，在每个时期展现出"国家队"的风范。时代是不断发展的，唯一不变的就是变化。如果国家发展、时代进步、创新引领呼唤敢担当、能担当、善担当的时代新人，为什么那一个、那一群人不能还是地大人呢？希望你们有舍我其谁的勇气乘势而上，敢为人先的锐气造势而起，蓬勃向上的朝气顺势而为，在会当击水中成就自信人生。

偕时代同行　奋楫争先

偕时代同行，你们要争做奋楫争先的实干者。新时代是奋斗者的时代，古往今来，各个国家、朝代的灭亡史、没落史一再表明：繁荣背后往往充满着危机，越是这样，越要保持定力和清醒的头脑，越要保持艰苦奋斗的姿态。如果你们有人准备抱着“佛系心态”用4年的“美好时光”在地大浮光掠影，我想时代的抛弃、将来的困顿也就顺其自然。

坐而论道都是问题，俯身实干才是答案。你们的学长，全国“大学生自强之星标兵”韩磊，在自强不息抵抗脑瘤的过程中，潜心学术钻研，积极探索实践，是我国首台自主知识产权新型正铲液压挖掘机的核心研发人员。希望你们在最应该吃苦的年纪选择吃苦，把求学路上的孤独和寂寞化作对科学真理的不竭追求，将人生路上的挫折和坎坷化作追求真理的实际行动，让青春在知识报国的实践中绽放出绚丽的光芒。

同学们，“天下之至拙，能胜天下之至巧”，汗水流多了，眼泪就少了！只有在书山中问道，把厚书读薄，把薄书读厚，才能获知识、增智慧；只有在实践中不断磨砺，“把论文写在祖国的大地上”，才能获真理、练本领；只有在不断地经风雨、见世面中，才能壮筋骨、长才干。希望你们能够择良言而自勉，辨善行而躬为，得良友而共进，践行“严在地大”要求，在追求卓越的学习、生活、实践中书写无愧祖国、不负时代、无悔青春的奋斗篇章！

再过几天，即将迎来中华人民共和国成立70周年，让我们共同祝福：我们的祖国繁荣昌盛，我们的地大前程似锦！

谢谢大家！

（**地大之声　记者**　夏静　**通讯员**　魏海勇）

研究生沈澈获爱德华·古柏林最有价值文章奖一等奖

珠宝学院研究生沈澈在导师卢勒教授的指导下，撰写的论文《宝石级水铝石的颜色成因：与刚玉的相关性》刊登在美国《宝石与宝石学》杂志上，并荣获2018爱德华·古柏林最有价值文章奖一等奖。这是中国研究人员首次获得该奖项。

该论文采取类比研究方法，结合现代光谱学、微量元素测试以及色彩学分析等技术手段，很好地解释了硬水铝石这一独特宝石品种的色彩成因。同时，该论文采用的研究方法，成为宝石学类比研究方法的开创性应用，为宝石学研究方法论的创新起到了良好的示范作用。

由美国宝石学院主编的《宝石与宝石学》杂志，是宝石行业最为权威的学术期刊。从1982年开始，美国宝石学院每年均会从全年刊出的所有文章中评选出一、二、三等奖各1篇进行表彰。该奖项自1997年正式更名为爱德华·古柏林最有价值文章奖，以纪念宝石学领域的先驱爱德华·古柏林为行业做出的卓越贡献。

目前为止，全球一共有36位最有价值文章一等奖获得者，其中绝大多数是这个行业的顶尖学者或重要人物。

（**地大之声 通讯员** 高翠欣）

梁听雪获"21世纪·可口可乐杯"全国英语演讲比赛二等奖

▲ 比赛现场

从第二十四届中国日报社"21世纪·可口可乐杯"全国英语演讲比赛全国总决赛赛场获悉，学校外国语学院2016级梁听雪同学获得二等奖及可口可乐中国"在乎力"特别奖。

"21世纪·可口可乐杯"全国英语演讲比赛由中国日报社创办，是国内学术规格最高、组织最为严谨的英语学习竞赛。在本次赛场上，来自全国24个赛区的75名大学组选手汇聚一堂，以年轻人的独特视角，将立体多元的"中国故事"娓娓道来，阐述了自己的见解和感悟，全面展示了新时代大学生的风采。

在比赛中，梁听雪同学以"*Reform and Opening-up: A Personal Perspective*"为题，结合自己和上一代人的亲身经历，讲述了在改革开放政策的牵引下，由"中国制造"到"中国创造"的华丽转身。她思维敏捷、逻辑严谨，具有极强的舞台表现力，最终取得优异成绩。

外国语学院致力于本科教学改革，2015年推出了英语系“语言工作坊”，通过指导学生参加国际国内各英语赛事等，提高学生学习语言的兴趣，激发学生学习语言的热情，坚定学生学习语言的信心。在此次比赛中，姚夏晶、冯迪两位老师对梁听雪同学进行了各种专业培训和悉心指导。

（地大之声 记者 徐燕 通讯员 宋千锋）

计算机学院研究生团队获“中国高分杯”美丽乡村大赛数据探索类一等奖

从第二届“中国高分杯”美丽乡村大赛上获悉，学校计算机学院李世行、贺鹏、周威组成的“朝川年华”队通过波段选择、异常检测等构建学习模型并经过多进程和分类后处理，最终在线精度0.486 1，终审0.475 37，从537支参赛队伍中脱颖而出，获一等奖。

（地大之声 通讯员 傅苑）

王奉宇获评“全国向上向善好青年”

共青团中央公布了2019年“全国向上向善好青年”评选活动结果，学校地球科学学院地质学2018级硕博连读生王奉宇获“勤学上进”类“全国向上向善好青年”荣誉称号，成为学校首位获此殊荣的学生并受邀前往人民大会堂参加纪念“五四”运动100周年大会。

▲ 王奉宇受邀参加纪念“五四”运动100周年大会

王奉宇同学于2014年进入学校地球科学学院地质学专业学习，现为地球科学学院地质学2018级硕博连读生、院大学生科技协会副主席。他是大家眼中的“石头迷”，痴迷地质、勤学探索，本科期间跑遍西藏、贵州等六省，考察行程上万千米，发现早三叠世（2.5亿年前）腕足动物新物种化石，填补了生物大灭绝后腕足动物的演化空白。他对腕足动物迟缓复苏的传统观点提出质疑，将腕足动物复苏时间提前约300万年。大三时他以第一作者在全球古生物领域权威期刊上发表论文，受到国际知名古生物专家正面评论。研究生入学后他继续刻苦钻研，不断求索，获评硕士研究生国家奖学金。他获评第十五届“挑战杯”全国大学生课外学术科技作品竞赛一等奖、第十三届中国大学生年度人物、中国青少年科技创新奖、湖北省优秀共青团员等多项荣誉。

“争做新时代向上向善好青年”主题活动自今年初启动以来，社会各界广泛关注，广大青年踊跃参与。共青团中央共收到来自全国各地、各行各业2 542位好青年的推荐申请。经过集中审核和筛选，网络点赞和专家评议环节，最终确定了爱岗敬业、创新创业、勤学上进、扶贫助困、诚实守信、孝老爱亲6类共计120名“全国向上向善好青年”。

（**地大之声　通讯员**　王向东）

学校在泛波罗的海世界大学生运动会获7金2银2铜

2019年5月15—21日，第三十五届泛波罗的海世界大学生运动会在立陶宛维尔纽斯举行。受中国大学生体育协会委派，学校高水平游泳队为中国代表团取得7金2银2铜，位列金牌、奖牌榜第二的优异成绩。

▲ 学校高水平游泳队合影

学校高水平游泳队由体育学院赵菁老师和7名学生运动员组成。张丙和、程龙、丁思宇、孙美晨获男女4×50m自由泳接力赛金牌，程龙、黄胜、丁思宇、孙美晨获男女4×50m混合泳接力赛金牌，孙美晨获女子100m自由泳、女子50m自由泳金牌，丁思宇获女子100m蝶泳、女子50m蝶泳金牌，王泽瑜获女子100m蝶泳、女子50m蝶泳银牌，程龙获男子200m混合泳金牌、男子100m仰泳铜牌，张丙和获男子50m自由泳铜牌。

▲ 学校高水平游泳队取得7金2银2铜

泛波罗的海世界大学生运动会始于1923年，属综合性运动会。本届大学生运动会共设排球、游泳、乒乓球等14个大项的比赛，吸引了来自中国、爱沙尼亚、芬兰、拉脱维亚、俄罗斯、立陶宛6个国家共1 400余名运动员、教练员参赛。由中国大学生体育协会选派的中国大学生代表团此次共派出9所学校及单位的61名运动员、教练员参赛。

（**地大之声** 新闻网讯 体育学院）

2019年世界羽毛球混合团体锦标赛上的地大力量

▲ 中国队以3:0战胜日本队

2019年5月26日，2019年苏迪曼杯世界羽毛球混合团体锦标赛决赛在广西南宁举行，由年轻选手担纲主力的中国队以3:0战胜日本队，在已经举办了16届的赛事历史上，这是中国队第十一次捧得苏迪曼杯。

5月25日上午11:00，苏迪曼杯半决赛在中国和泰国队之间展开，第一场混双比赛里，中国选手郑思维和黄雅琼2:0战胜泰国选手德差波和沙西丽，拿到了半决赛的开门红，最终中国队以3:0战胜泰国队，晋级决赛。中国队的“雅思”组合全部来自地大，分别是公共管理学院2015级行政管理专业本科生黄雅琼、公共管理学院学院2017级公共事业管理专业本科生郑思维。

▲ 苏迪曼杯现场

5月26日，苏迪曼杯决赛在中国队和日本队之间展开，中国队分别派出李俊慧/刘雨辰、陈雨菲、石宇齐对战日本队，中国队大获全胜。

本届苏迪曼杯中，5个单项内就有3

个单项是地大人参与，地大人不仅活跃在运动场上，同样也在运动场下表现突出。他们分别是：男双教练何汉斌（公共管理学院法学专业2010届毕业生）、女单教练文凯（马克思主义学院思想政治教育专业2012届毕业生）、混双队员黄雅琼（公共管理学院行政管理2015级本科生）、郑思维（公共管理学院公共事业管理专业2017级本科生）、王懿律（体育学院体育教育训练学2018级硕士研究生）。

央视直播中的4位专业解说员，就有两位是地大校友：龚伟杰（经济管理学院市场营销专业2010届毕业生）、王琳（经济管理学院旅游管理专业2010届毕业生）。

苏迪曼杯，又称世界羽毛球混合团体锦标赛，1989年开始举办，每2年1届。比赛采用五场三胜制，由男子单打、女子单打、男子双打、女子双打和混合双打5个项目组成，是代表羽毛球整体水平最重要的世界大赛，与汤姆斯杯和尤伯杯齐名。

据了解，在苏迪曼杯历史上，共有3个亚洲国家夺冠，其中印尼曾1次夺冠，韩国曾4次夺冠，而中国曾11次夺冠，包括一个4连冠和一个6连冠。2019年的第十六届苏迪曼杯，中国队以3∶0战胜日本队，这是中国队第十一次获得苏迪曼杯冠军。

运动场上的地大人，奋力拼搏，夺得冠军，为国争光；运动场下的地大人，舌绽莲花，才比子建，直播解说尽显专业风采。

（地大之声 通讯员 邹师思）

学校在“中国大学生自强之星”寻访活动中获佳绩

由共青团中央、中华全国学生联合会主办的2018年度寻访“中国大学生自强之星”获奖结果揭晓，学校机电学院地质装备工程专业博士生韩磊获评“中国大学生自强之星标兵”，资源学院石油工程专业2016级本科生李丁获评“中国大学生自强之星”。

▲ 韩磊

韩磊同学潜心钻研学术，勇攀科学高峰，以第一作者发表4篇SCI论文，授权2项发明专利。他乐观开朗，笑对磨难，在自强不息抵抗脑瘤的过程中，仍然坚持科研创新，是我国首台自主知识产权新型正铲液压挖掘机的核心研发人员；他积极创业，敢于担当，创办武汉惟傲机器人科技有限公司，不到一年便获得80余万订单；他是武汉市“洪山好人”、洪山区大学生创业先锋。他用实际行动证明，百折不挠直面任何挑战，砥砺前行成就非凡人生。

▲ 李丁

李丁同学于2014年9月考入学校资源学院022142班，2016年9月参军入伍，服役于中国人民解放军某部。服役期间李丁获新兵连铁人五项“小铁人”嘉奖、“乌鲁木齐维稳执勤先进个人”嘉奖、团战斗体能比武第五名及“优秀义务兵”称号，参加全师“首届半程马拉松”比武，团队因包揽全部冠军载入团史。2018年9月退伍复学后，以一颗赤子之心，成立国防教育主题宣讲团，努力点燃更多有志青年的军营梦。

据悉，2018年度“中国大学生自强之星”寻访活动以“奔梦路上·自强不息”为主题，从爱国奉献、道德弘扬、科技创新、自主创业、志愿公益、身残志坚等不同领域，寻访为实现梦想自立自强、努力拼搏的当代大学生典型，旨在营造关心和支持“强国一代”自立自强、健康成长的良好氛围，使其成长为中国特色社会主义事业的合格建设者和可靠接班人。活动最终评选出10名“中国大学生自强之星标兵”、1 950名“中国大学生自强之星”。

（**地大之声 通讯员** 王向东）

牛笛获2019年世界攀岩锦标赛单项决赛速度赛银牌

在结束的2019年世界攀岩锦标赛单项决赛中，学校体育学院2019级研究生牛笛夺得速度赛银牌并以排名第十进入全能决赛，是中国队唯一进入全能决赛的队员。

在速度预赛中，牛笛以8′05″排名第十的成绩进入淘汰赛；在八分之一决赛中，牛笛以7′871″的成绩淘汰波兰选手Natalia；四分之一决赛又以7′814″的成绩淘汰俄罗斯选手Marlia；半决赛中爬出7′525″的个人最好成绩，以0.1s的优势战胜世界冠军、法国名将Anouck。决赛中,牛笛对阵波兰选手Aleksandra时不慎出现失误,最终获得银牌。

本次世锦赛是2020年东京奥运会的资格赛,全能预赛前20名选手进入决赛,决赛前7名将获得2020年奥运会参赛资格。牛笛将参加全能决赛。

（**地大之声** 新闻网讯）

赵菁在世界游泳锦标赛大师赛中获2金2银

在韩国光州进行的第十八届世界游泳锦标赛大师赛中,学校体育学院教师、中国优秀游泳运动员赵菁在女子50m和100m仰泳较量中夺得冠军并打破赛会纪录。

这是赵菁在退役6年后,首次参加世界游泳锦标赛大师赛。她以优异的成绩荣获女子(25~29岁组)50m、100m两项世界冠军并打破两项世界游泳锦标赛大师赛赛会纪录。此次比赛也刷新了赵菁老师的比赛记录。

此外,她还同队友一起参加4×50m混合泳接力与男、女混合组4×50m混合接力,均获银牌。

大师游泳(Master swimming)诞生于20世纪70年代初,与传统游泳项目不同的是,大师游泳采用男女混合自由泳接力和混合泳接力。自1986年在日本举行的第一届大师游泳世锦赛起,这两个项目就始终是正式比赛项目。

在刚刚结束的第十八届世界游泳锦标赛中,赵菁老师作为央视CCTV5游泳专项的特邀嘉宾,担任了光州世锦赛的转播及解说工作。她为比赛解说做了大量的功课,为我们带来了不一样的解说体验。赵菁老师表示,不管成绩如何,希望大家能关注到中国游泳队里的每个队员。

（**地大之声** 新闻网讯）

学校学子在2019年瑞士巴塞尔羽毛球世锦赛摘得1金1铜

2019年8月25日,2019年瑞士巴塞尔羽毛球世锦赛落幕,学校学子郑思维/黄雅琼夺得冠军,成功卫冕,成为历史上第三对卫冕世锦赛冠军的混双组合,这也是国羽本届世锦赛收获的唯一一枚金牌。王懿律也在这次比赛中获得混双季军。

8月24日，世锦赛混双半决赛中，学校体育学院学生王懿律与黄东萍一起，对阵泰国名将德查波尔与沙西丽。最终中国组合0∶2惜败于泰国组合，止步于半决赛。

▲ 郑思维/黄雅琼夺得冠军

来自公共管理学院的郑思维和体育学院的黄雅琼此前与这对泰国组合有过8次交手，仅在今年的新加坡公开赛上输过1次。而在这次世锦赛上，首局开始后，双方很快打至6∶6，中局阶段中国组合连续得分，最终用时13min，以21∶8拿下首局。第二局中国组合全程领先，以21∶12再下一局，最终以2∶0胜出，夺得本届世锦赛冠军。

赛后，郑思维说，作为卫冕冠军，反而会有更大的动力去比赛，整个过程很激动，对于结果也很满意。黄雅琼表示，决赛前也作了迎接困难的准备，和搭档之间彼此信任，才有了较好的发挥。

（**地大之声 通讯员** 邹师思）

学校机器人代表队在FIRA机器人世界杯大赛中获佳绩

从第二十四届FIRA机器人世界杯大赛中获悉，学校机器人代表队夺得1项冠军、4项亚军、1项季军。

在罗忠文教授、杨林权副教授等老师的指导下，学校机器人团队参加了飞行机器人救援、飞行机器人竞速、飞行机器人仿真开发、仿真机器人足球、仿真机器人避障、飞行机器人仿真等多项比赛。经过激烈角逐，王前航、罗一飞、原先乔同

▲ 学校机器人代表队合影

▲ 学校机器人团队在比赛中

学获得飞行机器人平台开发冠军，王培、李静涛、苏英杰同学获得全能仿真机器人亚军，王培、王宇、张龙九同学获得仿真机器人足球中型组亚军，苏英杰、张龙九、孔维超同学获得仿真机器人避障亚军，原先乔、孔维超、罗一飞同学获得飞行机器人仿真亚军，王宇、李静涛、王前航同学获得仿真机器人足球大型组季军。

▲ 赛事现场

据了解，FIRA机器人世界杯大赛每年举行1次，是目前国际机器人领域顶级赛事之一。大赛分为人形机器人全能、仿真机器人比赛、飞行机器人、自主机器人足球、青少年组竞赛五大项目，每部分子项目只产生冠、亚、季3个奖项。本次大赛有来自15个国家和地区共计1 200名选手参赛。

（**地大之声 通讯员** 宋超）

首届亚洲大学生羽毛球锦标赛：学校获2金1银3铜

2019年9月16—21日，首届亚洲大学生羽毛球锦标赛在中国台湾新北市举行，学校学子获2金1银3铜。

其中，杜芃/倪博文斩获女双冠军，谢浩南/汪浩天勇夺男双冠军，陶戬琦/倪博文获混双亚军，司徒瑾获女单季军，张嵩烨/陶戬琦获男双季军，张嵩烨/杜芃获混双季军。

据悉，亚洲大学生羽毛球锦标赛面向参赛国家、地区符合要求的大学展开。此次锦标赛共有来自中国、中国香港、中国澳门、日本、韩国、马来西亚、新加坡及中国台湾8个国家和地区的102名运动员及官员参赛。

（**地大之声 通讯员** 董范）

▲ 赛事现场

学校在“互联网+”全国大学生创新创业大赛获奖

第五届“互联网+”全国大学生创新创业大赛在浙江大学闭幕，学校获1银3铜。其中，“中地硒缘——生态农业绿色矿物肥开拓者”项目获银奖，“中地水石——净水‘芯’时代领航者”“土壤医生——植物仿生原位土壤修复系统”“基于能控与设备监测的工业物联网”3个项目获铜奖。

▲ 学校代表团合影

“中地硒缘——生态农业绿色矿物肥开拓者”项目由鲍征宇、姚琳、魏昌华等老师指导，张宏宇、田欢、付中彪、马佳怡等同学参与。项目以团队研发的富硒土壤营养强化剂产品为基础，经过农田土壤硒含量及其硒形态检验检测、标准化农田改良、标准化种植和农产品检验检测等一体化配套技术服务的路径，最终实现富硒农产品规模化和标准化种植，解决了长期以来困扰我国富硒产品硒含量稳控达标的重大难题。

“中地水石——净水‘芯’时代领航者”项目由柴波、潘欢迎、马传明等老师指导，彭浩、王懿洁、薛江凯、李卫娜等同学参与。项目定位于饮用水矿化处理材料细分领域，形成了基于市场需求的家庭饮用水场景细分、人群细分和地域细分的系列化产品；武汉中地水石环保科技有限公司还拓展出净水器伴侣、净水壶等终端净水产品，丰富公司产品层次，致力于为用户带来高品质健康饮用水生活。

“土壤医生——植物仿生原位土壤修复系统”项目由向武、葛文、王珩等老师指导，郭科赶、程运辉、赵云云、刁冠中等同学参与。项目基于植物蒸腾原理，通过研制高效吸附材料和自持式水动力系统，以低成本治理耕地镉污染为主要目标，建立环境友好型高效植物仿生修复新技术。目前，污染耕地修复技术存在效率低、成本高和二次污染问题。研发高效低成本环境友好型新技术已经成为现实需求。

“基于能控与设备监测的工业物联网”项目由李周波、张川、姚琳、牛瑞卿等老师指导，王雪梅、徐立颖、苏宗邦、刘桐等同学参与。项目秉持“连接万物”的理念，基于LoRa无线传输，为传统工业设备和仪表的智能化、物联化提供快速、安全、稳定、可扩展的整体解决方案。该项目目前主要聚焦于设计制作一款基于楼宇能控以及设备监测的工业物联网终端模块——LoRa数据采集终端。短期目标：立足于已有的成熟完善的数据采集终端，切入工业物联网产业链中的一环，为物联网产业链提供采集终端。长期目标：将研发云端和交互平台，致力于形成一个完整的物联网产业链。

本次比赛以“敢为人先放飞青春梦，勇立潮头建功新时代”为主题，由教育部等部委主办，采用校级初赛、省级复赛、全国总决赛三级赛制。学校的参赛工作由学生就业创业指导处具体组织实施，历时7个月，共申报803个参赛项目，推荐43个项目参加省级赛，最终获省级赛金奖5项，其中4个项目入围全国赛，2个项目进入国赛现场赛。

（**地大之声 通讯员** 姚琳）

学校学子在军运会上勇夺3金4银1铜

2019年10月27日，第七届世界军人运动会闭幕，地大学子奋勇拼搏，为国家共摘得3金4银1铜。

▲ 体育学院研一学生王懿律（左二）获军运会羽毛球男子团体金牌

▲ 体育学院研一学生王懿律（左一）获军运会羽毛球混合双打金牌

▲ 体育学院研二学生闫子贝(左二)获军运会男女4×100m混合泳接力金牌

▲ 王懿律(左二)获得了羽毛球男子双打银牌

▲ 闫子贝(左二)同时获得了男子50m蛙泳、100m蛙泳、男子4×100m混合泳接力银牌

▲ 体育学院大二学生董馥玮(右四)、公共管理学院大四学生乔仲羿(右一)获公开水域游泳比赛男女混合团体赛铜牌

学校校友、公共管理学院2011级毕业生陈洁夺得女子100m仰泳、4×100m混合泳接力两枚金牌并打破国际军事体育理事会纪录。

▲ 陈洁(左)、张雨涵(右)获奖

学校校友、公共管理学院2011级毕业生张雨涵夺得女子200m蝶泳、4×200m自由泳接力两枚金牌。

2019年10月18—27日，第七届世界军人运动会在武汉举行。10天的赛程，来自109个国家的9 308名军人运动员齐聚武汉，为世界奉献了军人体育的一场盛宴。在军运会上，中国共夺得133金64银42铜。

（**地大之声 记者** 庞伟红 **通讯员** 熊昌进 邹师思）

学校5个作品在第十六届“挑战杯”获奖

2019年11月8—12日，第十六届“挑战杯”全国大学生课外学术科技作品竞赛决赛在北京落幕，学校获得二等奖2项、三等奖3项。

▲ 学校代表团合影

比赛期间，校党委副书记王林清及相关部门、学院负责人前往现场指导并看望参赛师生。

由地球科学学院缪璐漪、宋汉宸提交的作品《鹦鹉螺如何在二叠纪—三叠纪之交大灭绝中幸存》（指导老师：宋海军、楚道亮）、工程学院王曙光、韩瑄、印恋等6位同学提交的作品《层状化合物的协同阻燃改性及其聚合物基复合材料的燃烧性能研究》（指导老师：周克清、向龙斌）获全国二等奖。由工程学院李晓东等8位同学提交的作品《天然气水合物储层出砂模拟与预测技术》（指导老师：宁伏龙、黄田野）、马克思主义学院蔡薛文等6位同学提交的作品《习近平新时代中国特色社会主义思想农村大众化研究——基于湖北省英山县红山镇的调查》（指导老师：高翔莲）、材料与化学学院杨旭东等7位同学提交的作品《具有“光催化－自清洁”协同作用的仿生自组装纳米结构》（指导老师：王永钱、夏帆、李飞）获全国三等奖。

“挑战杯”全国大学生课外学术科技作品竞赛以“崇尚科学、追求真知、勤奋学习、锐意创新、迎接挑战”为宗旨，每2年举办1次，被誉为当代中国大学生科技创新的“奥林匹克”盛会。近年来每届竞赛都吸引了来自全国2 000余所高校的200多万大学生参与。

本次大赛是由共青团中央、中国科学技术协会、教育部、中国社会科学院、中华全国学生联合会和北京市人民政府共同主办，共有1 573所高校、近300万青年学生参与，经过校级、省级和全国初审，来自全国213所高校的447件作品入围终审决赛。

（**地大之声 通讯员** 谭文伦 郭小玉）

邓恬音获全国大学生英语竞赛全国总决赛特等奖

2019年全国大学生英语竞赛总决赛落幕，经过初赛、决赛和全国总决赛的激烈角逐，经济管理学院邓恬音同学荣获全国总决赛笔试特等奖、演讲特等奖、辩论赛二等奖的好成绩。

▲ 邓恬音

全国大学生英语竞赛是高等学校大学外语教学指导委员会和高等学校大学外语教学研究会组织的全国唯一一个考查大学生英语综合能力的竞赛活动。本次比赛为期1周，包括英语演讲、辩论和风采大赛等内容，这对于之前没有进行过公众演讲训练的邓恬音来说是考验，更是挑战。参赛前，她尝试写演讲稿，对着镜子练习，坚持看优秀演讲视频和文章，即使在机场候机、在车站等车，都会抓紧时间阅读英语演讲书籍，同时努力把平时在中文辩论中学习到的内容转化成英语，全方面提升了英语能力和理论水平。

（**地大新闻网　通讯员** 努尔夏提·居勒提）

地大学子在中国研究生数学建模竞赛获佳绩

第十六届中国研究生数学建模竞赛获奖名单公布，学校获一等奖1项、二等奖6项、三等奖8项、成功参与奖13项。

由计算机学院2018级硕士研究生张欢、2019级硕士陈龙、数理学院2018级硕士杨文军3名同学组建的CUG－Miner团队获一等奖，指导老师为蒋良孝教授。

▲ 颁奖大会现场

来自海内外486所研究生培养单位的14 014队研究生交卷参赛，经过网上和集中评审两个阶段，历时一个半月评选出一等奖188个、二等奖1 903个、三等奖2 821个。

中国研究生数学建模竞赛作为教育部学位

与研究生教育发展中心和中国科学技术协会青少年科技中心联合主办的“中国研究生创新实践系列大赛”主题赛事之一，是一项面向在校研究生进行数学建模应用研究的学术竞赛活动，是广大在校研究生提高建立数学模型和运用互联网信息技术解决实际问题能力，培养科研创新精神和团队合作意识的平台。

（**地大新闻网 通讯员** 李欢欢）

地大学子在全国大学生数学建模竞赛中获佳绩

在2019“高教社杯”全国大学生数学建模竞赛中，地大学子获全国一等奖2项、二等奖3项，湖北省一等奖12项、二等奖11项、三等奖18项，学校获得湖北省赛区组织优秀奖。

由地球物理与空间信息学院楼子杭、宁超、蒋腾渊同学，地理与信息工程学院李智、虞星辰、董正同学组成的2支团队分别获得全国一等奖；资源学院叶非凡、计算机学院曾子康、工程学院孙业蒲，计算机学院高志锐、数学与物理学院刘俊屹、工程学院苏莉芸，数学与物理学院韩德琪、李洋、何宇组成的3支团队分别获得全国二等奖。

全国大学生数学建模竞赛由中国工业与应用数学学会主办，创办于1992年，每年举办1届，目前已成为中国高校规模最大的基础性学科竞赛，也是世界上规模最大的数学建模竞赛。2019年，来自中国及美国和马来西亚的1 490所院校/校区、42 992队（本科39 293队、专科3 699队）、近13万人报名参赛。

学校历来高度重视大学生数学建模竞赛活动，竞赛由教务处、数学与物理学院负责组织，通过成立数理科技协会，建设数学建模实训室，开设数学建模通选课，引导学生发现问题、提出问题、解决问题，培养学生的创新实践能力和团队协作能力。学校每年会在全体大一学生中组织开展数学竞赛，选拔一批对数学有浓厚兴趣的学生，进行系统的数学建模专题培训，遴选优秀学生组队参加全国数学建模竞赛。本着让学生“一次参赛，终身受益”的育人理念，学校数学建模指导教师团队历时数月带训备赛，共组建62支代表队，进行了为期21天的赛前强化训练，期间进行了5次模拟赛，最终46支参赛队获奖。

（**地大新闻网 通讯员** 杨瑞琰 朱佳斯）

机电学院学子在2019年中国工程机器人大赛暨国际公开赛上获奖18项。

在团中央、自然资源部联合组织开展的村级土地利用规划志愿服务全国大学生暑期社会实践专项行动中，公共管理学院龚健教授指导的“方圆大地”团队荣获优秀实践成果一等奖。

地理与信息工程学院张玉克、欧阳诗琪、梁馨、高道勋4名同学获第一届大学生自然资源科技作品大赛一等奖，地理系陈旭副教授获优秀指导教师奖。

在第五届全国大学生能源经济学术创意大赛总决赛中，由经济管理学院吴德胜和龚年姣两位研究生组成的参赛团队，以《天然气市场价格松绑与管网整合的多主体均衡仿真研究》荣获全国一等奖。该作品成为唯一荣获最佳能源建模奖的研究生团队，龚承柱副教授荣获优秀指导教师奖，学校被授予“优秀组织单位”称号。

2019年10月11—13日，第一届全国大学生化学实验创新设计竞赛在南京大学举行。学校材料与化学学院王晗、郄浩飞、曹怀元3名同学组建参赛团队代表学校参赛，获得一等奖。

2019年11月13日，在2019Esri杯中国大学生GIS软件开发竞赛中，学校地理与信息工程学院由高瑞翔、陈一仰、范增辉、黄博文组成的团队，在遥感应用组摘得该组别唯一特等奖。学校还有5个参赛小组分别在GIS应用开发组、地理设计组以及遥感应用组获得三等奖和优胜奖。

2019年7月24日，学校羽毛球队在第二十三届中国大学生羽毛球锦标赛取得了乙组男子团体第一名、乙组男子双打第一名、乙组男子双打第二名、乙组混合双打第三名、乙组男子单打第五名、乙组混合双打第五名和乙组女子双打第五名的优异成绩，学校获体育道德风尚奖。

2019年7月28日，从2019年中国学生攀岩锦标赛暨第十七届中国大学生攀岩锦标赛闭幕式上获悉，学校攀岩队获得金牌3枚、银牌2枚、铜牌3枚，学校获体育道德风尚奖。

2019年7月31日，从第十九届全国大学生田径锦标赛闭幕式上获悉，体育学院2015级本科生周艳萱以总分5 012分荣获女子七项全能冠军。

2019年10月26—27日，第十一届全国水中健身操比赛在江苏省无锡市举行。学校代表队团结协作，顽强拼搏，共获得集体徒手操、集体哑铃操、双人划手掌操、双人棒操4项冠军及团体总分第一名的好成绩。

第七章
荣归故里话当年

学校举行2019年度校友值年返校暨1989届校友毕业30周年返校活动

2019年10月2日上午，“奋斗筑梦新时代，深情守候地大人”2019年度校友值年返校暨1989届校友毕业30周年返校活动在弘毅堂举行。100多个班级、3 000多名校友及家属欢聚一堂，追忆往昔峥嵘岁月，畅叙师生情、同学谊，共同庆祝伟大祖国70周年华诞。

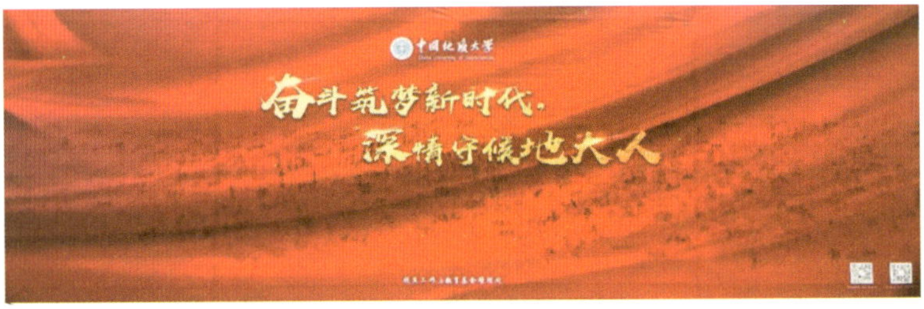

校领导黄晓玫、王焰新、王林清、刘勇胜，校党委常委、组织部长储祖旺，校长助理蒋少涌，原校领导张锦高、杨昌明、姚书振、丁振国、邢相勤、朱勤文，相关学院和职能部门负责人，特邀老教师代表参加活动。校友会秘书长徐岩主持活动。

校党委副书记王林清介绍了值年返校的基本情况。他说，校友们从天南海北特意回到母校，与同学、老师欢聚一堂，回顾大学时光，畅谈奋斗感悟，共庆祖国70华诞，体现出了对母校深厚的情感和对祖国深切的热爱。

▲ 徐岩主持活动

▲ 校党委副书记领导王林清介绍值年返校情况

31851班校友、校离退休干部处处长陈文武受邀主持欢迎会。

校党委书记黄晓玫代表学校，衷心感谢校友们对母校一直以来的支持，对大家重返母校表示热烈欢迎。她说，今年是中华人民共和国成立70周年，地大紧跟国家发展步伐，艰苦创业，学校事业发展取得巨大变化。同学们毕业以来，在各条战线上秉承地大人的本色，为国家建设奉献了青春、智慧和汗水。大家相聚母校，昭示着地大人“聚是一团火，散是满天星”。她希望广大校友与母校携手并肩，一起在伟大的新时代实现新作为，共赴新征程，创造新成就。她表示，学校将努力把校友对事业改革发展的鞭策，转化为办学治校的实际行动，回馈广大校友的地大之爱。

▲ 陈文武主持欢迎会

▲ 校党委书记黄晓玫致辞

校长王焰新从历史沿革、基础建设、人才培养、科学研究、校园文化及社会服务等方面，向校友们介绍了学校近年来取得的成就。他说，地大是一所积淀深厚、历经沧桑的大学，一所基础厚实、特色鲜明的大学，一所为国育才、人才辈出的大学，一所开放包容、充满活力的大学，一所胸怀使命、勇于担当的大学，也是一所生态优美、走向未来的大学。在全体校友的支持下，在师生共同努力下，“地大梦”一定能实现。他希望，校友们不忘初心、牢记使命，为实现中华民族伟大复兴的“中国梦”和“建设地球科学领域世界一流大学”的“地大梦”贡献力量，在时代洪流中不断书写地大人的“奋进之笔”。

▲ 校长王焰新介绍学校情况

▲ 校友代表曾庆高发言

12851班、西藏地质调查院总工程师曾庆高深情回忆了30年前在母校生活的点点滴滴。他说："大学4年，是我们最纯洁、最美好、最值得回忆的时光。30年来，山野狂风没有吹散心中执著的信念，风霜雨雪没有浇灭胸中火焰般的热情。"他希望，校友们放飞希望，共同拥抱伟大时代，共享美好生活，心相通、常相聚。

13851班、大洋彼岸美国加州理工学院地质与行星科学系马驰以"仰望星空"为主题，讲述了自己从事地质科学教学科研的感受。他说，仰望星空，来自五湖四海的校友们，起点都是地大。他感谢老师们的教导、同学们的相伴。他说，地球很美，地学很酷，一块石头是一本书，在纳米尺度读，惊喜不断，趣味无穷。他将继续遨游在纳米矿物学领域，以一个地大人的知识和勇气，为地球科学事业作贡献。

21851班、内蒙古地矿四院院长王宝林说，感谢母校的培养，不仅让自己获得了宝贵的专业知识，"艰苦朴素、求真务实"的校训精神和传统提醒自己要时刻脚踏实地、不忘初心。他感谢学校老师们为此次返校活动所付出的努力，让大家感受到了母校的温情、自信以及欣欣向荣的变化。

▲ 校友代表马驰发言

▲ 教师代表接受校友献花

郭芳、马振东、姚书振、王根发、吕新彪、关振良、陈艳玲、蔡鹤生、孟高头、汤凤林、张国榉、董浩斌、补家武、严良、董静、郑贵洲、李江风等多位教师代表，接受校友的献花和祝福。

师生们观看了由校友工作与教育基金管理处、校团委、老年人协会绿松石时装模特队带来的"文艺大餐"。精彩的表演，赢得校友们阵阵掌声。

▲ 文艺汇演现场(1)

▲ 文艺汇演现场(2)

随后，校友们来到学校学三食堂，品尝了"爱校团圆餐"。大家边吃边回忆当年在学校食堂就餐的难忘经历。大家纷纷表示，喷香的饭菜满载着地大情。

据悉，这两天为组织好校友返校活动，让校友感受到家的温暖，学校各职能部门通力配合、师生共同努力，做了很多创新的尝试，营造了回家的氛围。国庆节期间，广大校友和家属除了参观南望山校区，还参观了未来城校区，领略校园的生态之美、人文之美。有关学院举办座谈会、交流会，共叙地大情。71851班一名校友感慨地说："母校30年发展变化巨大，我为母校的发展成就感到骄傲，祝福伟大祖国繁荣昌盛，祝福母校更加辉煌。"

▲ 大家品尝"爱校团圆餐"

▲ 返校校友合影

时间很短，
我们可能即将说再见。
但岁月很长，
我们一生的情谊不变。
地大永远为最亲爱的校友，
敞开大门，
欢迎校友回家！

（**记者** 徐燕 **通讯员** 旷杰媛 **摄影** 徐世龙）

▲ 欢迎校友回家

师妹：

师姐，我们在北京实习的时候，
听老师说，30年前的周口店，
已经有了你们的身影。
太平山下40多个夜晚，3排破旧的平板房里，
星星点点的柴油灯光辉映着你们的脸庞。

师弟：

师哥，还记得房山岩体上的东方红炼油厂吗？

刚从好汉坡上下来的你们，端着饭碗围坐在食堂边的大棚里：

一面抱怨着刺鼻的原油气味，满是粉尘的空气；

一面惊叹着房山断裂的奥秘，复杂褶皱的神奇。

师妹：

师姐，您是否记得当年的弘毅堂？

那时，它还只是与餐厅相连的小礼堂。

饭菜简单清淡，窗口寥寥无几。

放学后你们在礼堂里排队打饭，谈笑风生。

每当夜幕降临，华灯初上，

氤氲的饭香中，你们踏着轻快的舞曲，

在油光滑亮的地板上尽情舞蹈。

师弟：

师哥，您还记得电影《年青的一代》吗？

东区的露天影院、仲夏的闷热夜晚，

简陋的放映设备，伴着蚊虫的亲密叮咬，

围坐在星空下的你们，在胶片闪动的光与影中，

为他们的青春和奉献一次次痛哭流涕。

师弟：

师哥，还记得当年讲台上的老教授吗？
他们肩膀上一层又一层的补丁，
还落着星星点点的粉笔灰。
他们虽穿戴简单、衣食朴素，
讲起课来却声情并茂、逸兴遄飞。
他们专业精深，是天空中的雄鹰，是科学上的巨人！

师妹：

校园里高擎着的碧绿的梧桐，
它们生于师长之手，为后辈遮阴祈福，
见证着如水时光。
30年前，你们学成离校，远赴祖国大江南北的时候，
它们也还只是小树苗吧！
当时的学校亦是家徒四壁，百废待兴。
你们一边学习深造，一边见证和参与学校的建设。
我们虽无法感同身受，但总心驰神往。

师弟：

听老师讲，在阿尔金山，
你们住的是临时搭建的帐篷，
喝的是戈壁滩的盐碱水。
天晴的时候，挥汗如雨。
下雨的时候，身上裹挟着雨水和泥泞。
你们背着馒头出去，就着山里的泉水；
背着石头回来，写出一份份详尽的地质报告。

师妹：

每天面对着蓝天、白云、山川、沙漠，
偶尔还能见到芦苇荡、胡杨树，
不时地有野骆驼、藏羚羊映入眼帘，
以及那山峦间、海面上的日出日落，
纯净的风景、亲密的队友，
还有心头念念不忘的家乡和母校！

老师：

回来了，终于回来了！
从76年开始教书到现在，
我依稀记得当年那一个个在屋檐下吃饭的身影。
还有在东区厂房内，那一列列搭板成桌、砌砖成腿的化学实验台。
更加难以丢弃的是我留存至今的写满了你们青春的那一本本作业。
让我视如珍宝！

30年学校变化之大、你们变化之大啊！
学校标志性的综合教学楼一跃而起，替代了破旧的厂房。
你们也都在各自的工作岗位上为社会的美好与发展贡献着自己的力量。
学校为你们骄傲，老师为你们感到骄傲啊！

年轻一代的孩子们，你们要向学长、学姐学习，
握好青春的罗盘。
只要梦想和憧憬依然在，
艰苦朴素、求真务实的精神依然在，
你们终会成就真正的自己，成为顶天立地的地大人。

学生：

是的，谢谢老师！
艰苦，朴素！
求真，务实！
这是你们的践行，
也是我们的宣言。
我们将牢记您的嘱咐，
牢记地大的教诲，
手握这把传承了67年的地质锤，前进！

学生：

我们一定会牢记您的嘱咐，
牢记地大的教诲，
手握这把传承了67年的地质锤，
响应国家"一带一路"的宏伟战略，
向着中华民族伟大复兴的"中国梦"，
前进，前进，前进！

（撰稿 校团委）

校友值年返校“团圆爱校餐”大揭秘 | 熟悉的师傅 熟悉的味道

在学校的时候，
好像会抱怨食堂饭菜，
常常变着法的改善生活。
又有多少人，
是当真正离开了学校，
开始怀念起，
那几元钱就能吃饱的日子，
想起总是拜托食堂阿姨多加点米饭。

在即将到来的“返校日”，
校友会为大家精心准备了“团圆爱校餐”，
欢迎校友们回家！

罗井国师傅

1985年进入地大食堂工作，34年转眼即逝，灶台前的身影依旧坚守如初，熟练地翻炒、调味、掂锅，滤油，手下的食材也变得愈发可爱诱人。“20世纪八九十年代的菜啊，那个时候菜品种类还不是很多。”师傅将菜出锅，说道：“咱们食堂这么多年，加了不少菜呢，学生吃得好，吃得开心，才能学好，好好搞研究，为祖国强盛作贡献不是！”师傅笑着将下一道菜的食材撒入锅，翻滚的青豆，不就是翻滚的青春吗？热烈又张扬，纯粹又美好。

万新文师傅

1983年进入地大食堂工作，而今已有足足36年，久经雕琢的面容里依旧糅合着当年的风采。当问及30多年来学三食堂的变化时，正专注于调理配菜的师傅抬头一笑，侃侃说道：“这食堂变化是蛮大的呦！”笑容里油然怀念，又有几许骄傲。他指着食堂的东面，说：“你看这食堂多大！那边原来是一条通道的，后来食堂扩建，两个食堂合在一起，这么大！”

师傅的一言一语中浓缩着30多年来学三食堂的变迁和发展，也潜藏着地大成长的缩影！三十多载春华秋实，够入味，才够味！

是不是迫不及待想吃了呢？别急！拿上当年的“菜票”去到当年的食堂看那熟悉的身影，品味熟悉的味道，找回大学时代的记忆！

小小食堂饭菜记录了多少我们的大学时光。

离校多年的你是否也开始想念食堂的饭菜和帮忙打包饭菜的室友呢？

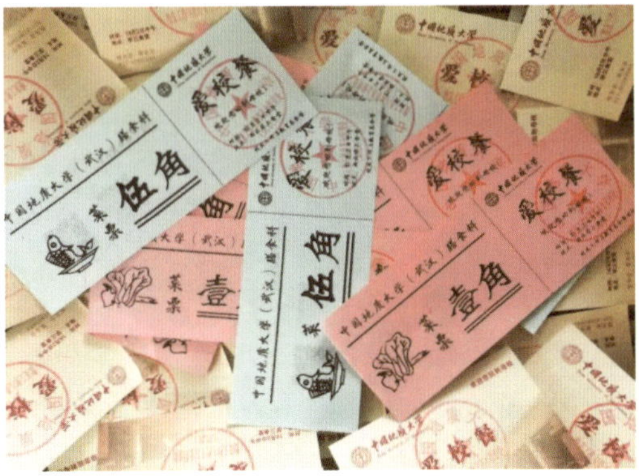

（**撰稿** 武世婕 朱佳清 **摄影** 旷杰媛）

回首同窗生涯　共筑花样年华

——2009届咨询艺术设计专业校友回校团聚

2019年6月7—8日，2009届咨询艺术设计专业毕业生相约母校，举行了主题为“青春不散场”的同学聚会。

6月7日晚，校友们从五湖四海赶往母校，并在下榻宾馆举行欢聚晚宴，徐胜、杨喆、郑立波、周子钦、张帆、彭静、刘星彦、方焕香等老师参加晚宴，和校友共话师生情。

▲ 2005届咨询艺术设计专业毕业生与老师合影留念

6月8日上午，校友们相聚学院二楼1209会议室，畅谈4年同窗情，回味10年毕业路。学院党委副书记吴仁喜和授课老师周子钦参加座谈会。

▲ 毕业校友在北区综合楼前的合影

▲ 校友们在四重门前的合影

▲ 校友们在地大博物馆里的合影

座谈结束后，校友们一同重游北区宿舍、食堂、隧道、教二楼、操场、校门口、化石林等地，一起合影留言，感受学校10年的变化和发展。

光阴荏苒，年华似水流十载；学友情深，同窗生涯忆当年。10年前洒泪惜别，校友们各奔前程；10年后风采依旧，畅谈人生和事业发展。祝愿我们的校友越来越好，祝愿学院发展越来越好。

（**地大之声 通讯员** 李羿钟）

马克思主义学院2009届毕业生回校举办毕业10周年聚会活动

金秋时节，全国人民欢庆祖国70周年华诞。十一长假期间，马克思主义学院2009届思想政治教育专业本科生毕业10周年之际，相聚母校，重温求学时光，再叙师生情谊。

2019年10月2日上午，校友们与学院领导、老师一起座谈。同学们踊跃发言，介绍了自己在毕业后的10年里的工作和生活情况，回忆自己在学校里与老师、同学们的点点滴滴。看到同学们在这10年中所取得的成绩，老师们脸上都露出了欣慰的笑容。

高翔莲院长发表了热情洋溢的讲话。她对同学们的到来表示热烈的欢迎和衷心的感谢，向同学们介绍了马克思主义学院这几年的发展情况和未来发展方向。希望同学们不管战斗在哪条战线，从事着何种工作，仍然要情系母校，心系学院，常回来看看。参加座谈会的吴东华、徐胜、严世雄、常荆莎、郭关玉、胡雪黎、任重等老师纷纷与同学们亲切交流。

▲ 校友与恩师合影(1)

最后，同学们分别为老师献上鲜花，以感谢老师们的培养之情。

▲ 校友与恩师合影(2)

▲ 校友与恩师合影(3)

（撰稿 任重）

地空学院召开毕业校友与在校生座谈交流会

▲ 座谈会现场

在庆祝中华人民共和国成立70周年之际，地球物理与空间信息学院（简称“地空学院”）先后邀请了1985级、1995级以及2005级部分优秀校友与在校生进行了3场别开生面的座谈会。

2019年10月2日上午11:00，毕业10周年返校聚会校友与学生座谈会在物探楼214会议室顺利举行，倪治宝、高海、杨涛、任天翔、闫立爽、黄寄洲、梁玉楠、何良、刘星、郭俊峰、方菲、杜劲松、王勇、傅磊、杨通15位校友以及30余位在校学生进行了座谈交流。

校友们先后回顾了个人成长历程。毕业后他们走上了不同的道路，有正在从事勘探工作的研究员，有金融投资师，也有独立创业的企业家……来自各行各业的校友们结合个人亲身经历和经验，用幽默风趣的语言耐心地回答着同学们的人生之惑。校友们多次指出，青年人要耐得住寂寞，多学点东西，多去尝试，敢于犯错，明确自己的方向，不断地加强学习。

10月2日下午4:00，地空学院在物探楼214会议室召开毕业30周年返校聚会校友与学生座谈会，孙卫斌、张宗胜、潘新志、王宝明、黎益仕、秦建强、严建文、王殿学8位校友与20余位在校学生进行了座谈交流。

校友们先后分享了个人成长经验并与师生进行了亲密互动。在谈到如何充实地度过大学4年生活的问题时，校友们认为需要做到4点：即要有强健的体魄；要学会与他人和谐相处；谈一次恋爱，了解不同的人的思维模式；要多读书，提升个人气质。

10月3日下午2:00，毕业20周年返校聚会校友与学生座谈会在物探楼216会议室顺利举行，侯卫生、罗小波、俞国柱和王传宝4位校友与部分在校学生进行了交流。

4位校友先后介绍了个人工作经历和发展状况，有的校友在高校从事科研工作，有的投身于投资领域进行创业，有的还在本行业相关单位坚守岗位。校友与同学们展开了积极地互动。同学们就自己的疑惑向学长们一一发问，校友们结合个人成长经历进行一一解答，并提出了对师弟师妹们的殷切期望。

校友们的精彩分享，赢得了现场同学们的热烈掌声。通过3次座谈会，同学们都获益匪浅，不仅对自己的大学生活有了更加清晰的认识，还对自己未来的方向有了一定的规划。同学们纷纷表示将学习校友们身上优良的品质，合理规划大学生活，早日解开青春所惑，照亮前方的人生之路。

（**通讯员** 李周波 常文静 安德鹏 张凤珠）

十年再聚首　共叙同窗情

——地空学院2005级校友返校相聚

2019年10月2日上午，地空学院在物探楼222报告厅召开2005级校友返校相聚欢迎会。学院领导、老教师、2005级9个班级共100余位校友等出席了会议。会议由学院党委副书记李周波主持。

▲ 座谈会现场(1)

学院党委书记刘子忠对校友们的到来表示热烈欢迎，并从学院发展历史、人才队伍建设、学科优势特色、教育教学水平、科学研究、平台建设等方面，简要介绍了学院发展概况和近年来取得的主要成绩，希望校友们为学院发展多提建设性意见和建议。

▲ 座谈会现场(2)

人事处处长胡祥云作为任课教师代表发言。他与校友们分享了当年授课时的细节往事。他指出，时间过得飞快，学院与各位校友一样，正处于发展快车道上，学院的发展离不开校友的支持，衷心希望校友们多返校走走，继续关心和支持学院成长发展。

▲ 座谈会现场(3)

学院副院长顾汉明、副书记李周波分别介绍了地空学院近年来研究生和本科生招生就业等情况。

▲ 顾汉明讲话

▲ 李周波讲话

原分管学生工作的党委副书记、2005级辅导员、现任出版社党总支书记李国昌回忆起当年在学院工作的点点滴滴，并对校友提出了殷切的希望。

▲ 李国昌讲话

何良、韩舸、周聪、王勇、郭俊峰、杨通、朱金星7位毕业校友代表先后发言。他们深情地回忆了在校学习时的种种往事，感谢老师们当年在学习生活上的悉心指导和人生道路上的点拨，感谢往日同学在平时生活中给予的帮助。

▲ 毕业校友代表

毕业校友代表向学院捐资3万余元。校友代表杜劲松表示，学院老师所传授的专业知识和做人道理，是伴随校友们一生的财富，大家将秉承老师的教导，将这份财富传递给师弟师妹们，用于资助学院生活困难的学生。

学院刘子忠书记对校友们的回馈表示感谢。他指出，学院在师资队伍建设、科学研究、硬件设备等方面有了大的改观。目前正处于改革发展关键时期，学院会抢抓机遇谋求发展，也希望毕业校友一如既往地关心和支持学院，为学院事业发展积极献计献策。

会后，参会师生在物探楼前合影留念。

▲ 毕业生代表发言

▲ 毕业生校友代表合影留念

▲ 物探楼前合影留念

（通讯员 李周波）

毕业三十载 共话师生情

——原物探系1985级校友返校聚会

2019年10月2日下午，地空学院1985级校友时隔30年在物探楼222报告厅重聚一堂，开展了一次毕业三十载、共话师生情的师生交流会。100多位1985级校友、10多位老教师以及学院领导出席了座谈会。会议由地空学院党委副书记李周波主持。

▲ 座谈会现场

地空学院执行院长熊熊致辞。他首先代表学院对校友们表示欢迎。他简要汇报了学院的发展历程和近年来发展现状。他指出，大家已阔别母校30年，学校、学院也发生了很大的变化。学院在引进高层次人才、科学研究等方面取得了较好的成效，同时也存在诸多困难和发展的瓶颈，希望校友们能继续关注和支持学院以实现快速发展。

▲ 地空学院执行院长熊熊致辞

毕业生代表和老教师代表先后发言。毕业学生代表张宗胜站在台上，重新以一个学生谦逊的态度为自己昔日恩师讲述自己30年来的经历，或成就斐然，或略显平凡，但都受到了老师们的一致肯定。老教师潘玉玲表达了注重健康、廉洁奉公、守护家庭、珍惜时光、继续奋进的美好期盼。年近耄耋的她却依旧心怀国家，心系学子，让人动容。1985级原辅导员、现任自动化学院党委书记董浩斌发言。他回顾了当年与学生打成一片的种种往事，感叹岁月之蹉跎，同时也提出了始终不变的物探人情怀让人敬重。

▲ 毕业学生代表张宗胜发言

▲ 老教师代表潘玉玲发言

▲ 1985级原辅导员、现任自动化学院党委书记董浩斌发言

地空学院党委书记刘子忠发言。他简要介绍了学院校友基金近年来的开支情况，对校友们长期关心和支持学院发展表示衷心的感谢，希望校友能够常回母校看看。

▲ 学院党委书记刘子忠发言

会场上校友与老教师交流热烈而充分，共同缅怀当年峥嵘岁月，尽管座谈时间不长但却尤为弥足珍贵。

会后，原物探系1985级师生于物探楼前合影留念，再次在曾经的校园里留下美好的印迹。

▲ 返校聚会合影留念

（通讯员 李周波）

环境学院举行1989届校友毕业30周年返校欢聚暨纪念张国旗校友座谈交流会

奋斗筑梦新时代，深情守候环境人。国庆佳节、丹桂飘香，未来新居、地子荣归。2019年10月3日下午，学校环境学院1989届百余名校友齐聚未来城校区环境学院报告厅，参加毕业30周年返校欢聚暨纪念张国旗校友座谈交流会。校党委常委、组织部部长储祖旺，未来城校区管理办公室主任张玮，校教务处处长周建伟，环境学院院长马腾，环境地质系陈植华教授，水资源与水文地质系主任万军伟教授，环境学院党委副书记姜明敏以及在校师生代表参加活动。

▲ 座谈交流会现场

▲ 环境学院党委副书记姜明敏主持座谈会

座谈会开始前，2018级本科生刘宇杰同学表演笛子独奏《望乡》，将1989届校友们的思绪拉回30年前的青春岁月。

▲ 2018级本科生刘宇杰同学表演笛子独奏《望乡》

马腾致辞。他从历史沿革、学科建设、师资力量、学生培养等方面介绍学院近年来的发展情况。他代表学院1 800余名师生热烈欢迎校友们回家，对校友们长期以来关心学院发展、设立奖学金表示感谢，对校友们30年来为国家改革开放做出的贡献、取得的卓越成绩表示敬意。他希望在校师生向校友们学习，

▲ 学院院长马腾致辞并介绍学院基本情况

▲ 马腾（左一）代表学院向校友代表颜宇森（右二）、邓宏（右一）赠送纪念品

弘扬“张国旗精神”，不忘初心、牢记使命，为“地大梦”“中国梦”的实现不懈努力。

▲ 颜宇森校友发言

原51852班班长，现中国灾害防御协会油气储运专委会副主任、秘书长，北京中地华安地质勘察有限公司总经理颜宇森校友发言。他说，毕业30年，同学再相聚，非常激动。感谢母校的培养、母院的盛情邀请和热情接待、组委会和学院师生的辛勤付出。他深情谈到，同学情最真、最纯、最温馨。他衷心祝愿母院发展越来越好，老师们和校友们身体健康、万事如意。

▲ 邓宏校友发言

原51855班学生、张国旗室友，中科院武汉岩土力学研究所武汉中力岩土工程有限公司副总经理、教授级高级工程师邓宏校友发言。他为在场师生讲述了张国旗在校期间的感人故事。他谈到，张国旗毕业后毅然放弃了省城的工作机会，选择回到了严重缺水的家乡，不畏艰苦条件，坚守在工作一线，将自己短暂的一生奉献给了家乡的找水事业。他说，“张国旗精神”值得我们每个人去学习、践行。他勉励在校青年学子向张国旗学习，到基层去、到祖国最需要的地方去，为国家建设添砖加瓦。

▲ 师生重温纪念张国旗先进事迹的电影《红山雨》

在场师生重温纪念张国旗先进事迹的电影《红山雨》，深切缅怀张国旗校友。

2016级本科生、“张国旗班”实践团成员陈柳源分享了实践团在张国旗故乡——山西省陵川县追寻校友足迹、学习“张国旗精神”的经历。他同其他实践团成员一道，从陵川回校后，组建“张国旗精神”宣讲团，号召广大青年向张国旗学习，做“红专能优”的时代新人。

▲“张国旗班”实践团成员陈柳源发言

陈植华教授作为学院教师代表与校友们亲切交流，与校友们一同回忆往事、畅聊现在、展望未来。他表示，很开心能参加此次欢聚会，希望校友们能常回家看看。

▲ 陈植华教授与校友们亲切交流

张玮讲话。他代表未来城校区热烈欢迎1989届校友们的到来。他说，听到校友们的发言和交流，非常感动。以张国旗为代表的1989届优秀校友们一直是我们学习的榜样。他表示，母校永远是校友们的精神家园，未来城校区管理委员会一定竭尽所能建设好、发展好、守护好未来城校区这个新家，随时欢迎校友们回家。

▲ 未来城校区管理办公室主任张玮讲话

时任1989届水文地质与工程地质系辅导员、现任校党委常委、组织部部长储祖旺作总结讲话。他表示，非常高兴与校友们相聚未来城校区，共同见证学校近年来取得的巨大发展。学校的改革发展与校友们息息相关，离不开校友们的关心与支持。他谈到，张国旗是国家改革开放41年以来涌现出来的优秀典型之一，他在平凡的岗位上干出了不平凡的事，他具备的专业报国、人民情怀、淡泊名利、敢于牺牲自我的精神品质是地大人精神的体现，值得我们去学习、弘扬。他强调，以张国旗为代表的1989届校友们在各自岗位上将报效祖国与个人发展有机结合，为国家发展做出了贡献。他希望，校友们继续保持奋斗状态，发扬校训精神，继续书写人生辉煌的篇章。

▲ 校党委常委、组织部部长储祖旺作总结讲话

▲ 校友们参观未来城校区

张国旗，系学校1989届水文地质专业毕业生。毕业时，他放弃了省城优渥的工作机会，选择回到严重缺水、贫困落后的家乡，运用专业知识致力于解决家乡“吃水难”的问题。在他的努力下，家乡陵川县多地的村民喝上了干净、放心的甘甜水。2001年，张国旗在打井找水一线工作时，突发井壁坍塌，为保护他人，以身殉职，年仅33岁。山西电影制片厂以他的故事为原型拍摄了电影《红山雨》。

今年正值1989届校友毕业30周年，张国旗的同学们相聚未来城校区，纪念张国旗，缅怀张国旗，以特殊的方式弘扬“张国旗精神”。

▲ 与会人员合影留念

原物探系1995级校友师生座谈会顺利召开

2019年10月3日下午，原物探系61951班毕业20周年校友师生返校相聚座谈会在物探楼214会议室顺利召开，23名毕业校友与10多名老教师进行了座谈交流。

学院党委书记刘子忠首先代表学院对61951班校友回到母校表示热烈欢迎，并简要介绍了学院的发展状况，希望校友们常回母校看看。

座谈会上，校友们先后向老教师们一一汇报了个人成长发展经历，缅怀了当年大学生活时光，表达了对教师们无私教导的感恩之情。老教师们纷纷畅谈当年与校友们相处的青春记忆，并表达了对校友们的祝福。

会后，参会师生在物探楼前合影留念。随行的家属团与返校校友规模相当，是校友们的坚强后盾，祝福校友们事业生活更加美好。

（**通讯员** 李周波）

▲ 座谈会现场(1)

▲ 座谈会现场(2)

▲ 参会师生物探楼前合影留念

2019年返校班级统计表

	学院	返校班级
1	地球科学学院	11851 11852 11853 12851 13851 101851 101852 11052 14052 10051 10951 11053
2	资源学院	21056 21851 21852 21853 22852 22851 23851 27871 41851 41852 41853 41854 41855 23051 21056 20051 21053 21055 21052 41951 41952
3	材料与化学学院	31851 31852 31053
4	环境学院	51851 51852 51853 51854 51855 41052 42052 56051 56052 51951 51952 41051
5	工程学院	71852 73851 52054 52054 73951 52051
6	地球物理与空间信息学院	61851 61852 61853 61854 60051 61051 61052 61053 61054 63051 56051 56052 62052 61951
7	机械与电子信息学院	72851 72053 72051
8	经济管理学院	81851 89871 82951 84951 107051
9	外国语学院	127861 127862 91053
10	地理与信息工程学院	128871
11	数学与物理学院	121051 123052
12	公共管理学院	129871 172042
13	计算机学院	111851

《地大人》2020年征稿启事

亲爱的校友：

《地大人》诚邀八方校友踊跃来稿，我们的故事，我们来书写！

本次征稿，不拘来稿形式，散文、诗词、消息、通讯、专题采访、人物传记、书信、照片、书画、篆刻等均在征求之列，只为用最真挚的情感记录下您与母校的精神缔结。由于篇幅限制，校友来稿一般不超过5 000字。若各地报纸、杂志上刊有校友的相关文章或作品，也恳请积极推荐。

纸质稿件请邮寄至湖北省武汉市洪山区鲁磨路中国地质大学校友处信息中心收，联系电话：027—67886455。

电子稿件请注明“《地大人》投稿”，发送至邮箱：cugxyxx@cug.edu.cn。

请留作者及联系方式，稿件一经录用，将赠送《地大人》一本。

《地大人》编委会

2020年1月

中国地质大学校友值年返校工作指南

一、什么是值年返校

“值年”校友，是指入学或毕业10、20、30、40、50周年等10的整数倍年份的校友。如今，校友返校热情高涨，很多校友在入学或毕业的其他整数年份也会组织返校活动，我们统称为值年返校。

组织值年返校活动是很多兄弟高校都在开展的例行校友活动，旨在呼应校友们毕业逢整10周年开展班级纪念活动的愿望，同时由学校和学院共同发起组织全校、整届同学在集中时间、集中地点开展值年校友毕业纪念活动，实现“广泛沟通交流、引发集体共鸣、营造浓厚纪念氛围”的整届大活动与“畅叙班级同学情、感谢师长教诲恩”的班级小活动的完美结合，增进班级同学的情感交流，增强同届跨行业同学的交流互动。

二、值年返校活动开展形式

活动一般在10月1~3日期间开展。活动的组织形式为“学校整体欢迎活动+学院特色活动+班级自由活动”。常规日程安排如下：10月1日参加值年返校活动校友抵校报到；10月2日上午学校安排欢迎大会暨联欢会，中午全体校友在学生食堂体验“团圆爱校餐”，参观博物馆，下午参与学院座谈会，为母校和学院发展建言献策；10月3日学院或班级开展自由活动。

三、值年返校活动的组织

采取“学校筹备委员会+学院+班级联络人”模式。学校筹备委员会由校领导、校友处、相关职能部门和学院组成，负责学校整体活动的筹备安排；各学院负责返校校友的工作组织及学院特色活动的组织安排；班级联络人负责返校班级校友的联络、与学院的对接及具体安排，包括代表聚会筹委会发电子版聚会邀请函、倡议书、聚会方案，根据联系同学情况分年级或班级预订学校周边酒店房间（学院配合），收集提交各班级校友通讯录等工作。

四、值年返校活动服务支持

（1）通过学校校友会网站、校友会微信公众号及时宣传和发布活动通知及动态。

（2）学校相关部门、学院为值年返校校友（年级、班级）提供联系对接、协调场地、嘉宾邀请、校内停车、校内参观、“团圆爱校餐”等便利服务。

（3）校友工作与教育基金管理处为登记申报的值年返校校友提供“爱校纪念礼包”和博物馆参观券等。

五、非学校整体值年返校时间活动服务支持

学校欢迎校友们在便利的时间回母校开展值年返校活动。对于非学校固定时间返校的班级，学校、学院及校友会积极为校友提供场地协调、嘉宾邀请、校内参观、“爱校纪念礼包”和博物馆参观券等便利服务。

特别提醒：返校校友班级需及时与学校（学院）校友会取得联系，填写相关登记信息，提交返校校友通讯录（参见《中国地质大学校友返校登记表及通讯录》），经学院备案、盖章后提交至校友工作与教育基金管理处（东区综合教学楼B1305），可享受学校值年返校相关服务。学校校友会和各学院将及时解答校友咨询，尽全力为值年返校校友提供力所能及的服务和支持。

中国地质大学值年返校示意图

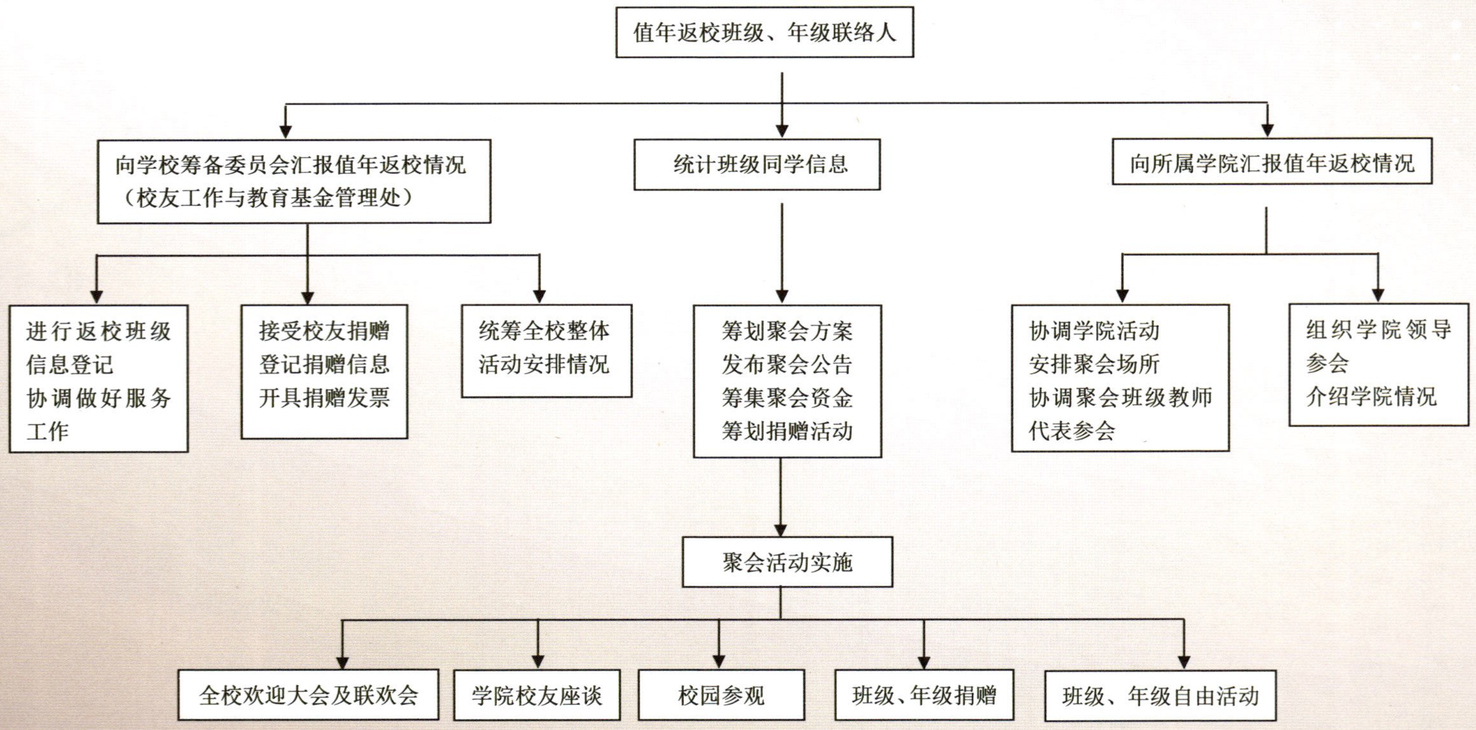

难忘地大　感恩母校

校友年度捐赠倡议书

亲爱的校友：

那年18正芳华，我们在中国地质大学开启了新的人生，曾经在母校奠定了事业的基础，结成了最真挚的同窗友谊，留下了最难忘的青春记忆。

光阴荏苒，岁月如梭。经历一代又一代地大人的拼搏，学校基本实现"地球科学一流、多学科协调发展"的阶段性办学目标，正向着地球科学领域国际知名研究型大学的建设目标迈进。

建校67年来，30余万地大毕业生遍布全球，校友们发扬了"艰苦朴素、求真务实"的校训精神，在各行各业为母校取得了业绩、赢得了荣誉，校友与母校成为"荣誉共同体"，甚至是"发展共同体"。

世界一流大学的评价体系中，"校友年度捐赠率"是评估指标之一。校友对母校的捐赠，既彰显了母校的凝聚力和向心力，又体现了校友对母校的关注度和认可度，并在实质上推动了大学"双一流"建设的征程。

为搭建校友捐赠母校的平台，学校校友会、基金会每年启动"1107"校庆纪念日线上线下捐赠活动，希望得到广大校友的支持。

聚沙成塔，集腋成裘。我们倡议，地大校友每年捐赠校庆数字(如0.67元、6.7元、67元、670元，以此类推)的金额，传递爱校情怀。

殷切期盼广大校友积极传播、广泛响应！

校友工作与教育基金管理处

2019年3月

附：校友年度捐赠联系方式

一、银行转账

开户名：中国地质大学(武汉)教育发展基金会

账　号：5651 5752 8841

二、网站捐赠

学校首页——校友之家——基金会——在线捐赠

三、微信捐赠

微信公众号：中国地质大学教育发展基金会——我要捐赠